U0190083

阜阳职业技术学院

安徽省高水平高职教材
安徽省地方技能型高水平大学项目建设成果

数控技术专业系列教材编委会

主　　任　张道远　田　莉

副 主 任　杨　辉　慕　灿　王子彬

委　　员　万海鑫　张朝国　许光彬　王　宣

　　　　　刘志达　张宣升　张　伟　钱永辉

　　　　　刘青山　尚连勇　黄东宇

特邀委员　王子彬（安徽临泉智创精机有限公司）

　　　　　靳培军（阜阳华峰精密轴承有限公司）

　　　　　李　宁（淮海技师学院）

　　　　　朱卫胜（阜阳技师学院）

　　　　　曾　海（阜阳市第一高级职业中学）

安徽省高水平高职教材

普通高等学校数控类精品教材

数控铣床（加工中心）编程与操作项目化教程

第 2 版

主　　编　杨　辉　张宣升

副 主 编　张孟陶　滑雪燕

编写人员（以姓氏笔画为序）

王子彬　李　宁　杨　辉

张宣升　张孟陶　滑雪燕

樊　俊

中国科学技术大学出版社

内 容 简 介

本教材的编写采用 CDIO 项目化的形式,讲述了数控铣床(加工中心)方面的加工基础知识、编程和操作。内容深入浅出,方便学生学习。书中给出了 CDIO 项目化教学的操作方法,授课教师很容易便可实现项目化教学。本书主要内容包括:认识数控铣床,平面类零件加工,沟槽类零件加工,内外轮廓类零件加工,旋转、缩放零件加工,孔系零件加工,用户宏程序的应用,自动编程加工及 CDIO 二级项目。

本书可作为数控相关专业教材,也可用于相关教育工作者进行教学研究。

图书在版编目(CIP)数据

数控铣床(加工中心)编程与操作项目化教程/杨辉,张宣升主编. —2 版. —合肥:中国科学技术大学出版社,2021.1

ISBN 978 - 7 - 312 - 05061 - 9

Ⅰ. 数… Ⅱ. ① 杨… ② 张… Ⅲ. ① 数控机床—铣床—程序设计—高等学校—教材 ② 数控机床—铣床—操作—高等学校—教材 Ⅳ. TG547

中国版本图书馆 CIP 数据核字(2020)第 199254 号

数控铣床(加工中心)编程与操作项目化教程

SHUKONG XICHUANG (JIAGONG ZHONGXIN) BIANCHENG YU CAOZUO XIANGMUHUA JIAOCHENG

出版	中国科学技术大学出版社
	安徽省合肥市金寨路 96 号
	http://press.ustc.edu.cn
	https://zgkxjsdxcbs.tmall.com
印刷	安徽省瑞隆印务有限公司
发行	中国科学技术大学出版社
经销	全国新华书店
开本	787 mm×1092 mm　1/16
印张	8.25
字数	211 千
版次	2014 年 11 月第 1 版　2021 年 1 月第 2 版
印次	2021 年 1 月第 2 次印刷
定价	39.00 元

总　序

盛　鹏

（阜阳职业技术学院院长）

职业院校最重要的功能是向社会输送人才,学校对于服务区域经济和社会发展的重要性和贡献度,是通过毕业生在社会各个领域所取得的成就来体现的。

阜阳职业技术学院从1998年改制为职业院校以来,迅速成为享有较高声誉的职业学院之一,主要就是因为她培养了一大批德才兼备的优秀毕业生。他们敦品励行、技强业精,为区域经济和社会发展做出了巨大贡献,为阜阳职业技术学院赢得了"国家骨干高职院校"的美誉。阜阳职业技术学院已培养出4万多名毕业生,有的成为企业家,有的成为职业教育者,还有更多的人成为企业生产管理一线的技术人员,他们都是区域经济和社会发展的中坚力量。

阜阳职业技术学院2012年被列为"国家百所骨干高职院校"建设单位,2015年被列为安徽省首批"地方技能型高水平大学"建设单位,2019年入围教育部首批"1+X证书"制度试点院校。学校通过校企合作,推行了计划双纲、管理双轨、教育"双师"、效益双赢,人才共育、过程共管、成果共享、责任共担的"四双四共"运行机制。在建设中,不断组织校企专家对建设成果进行总结与凝练,取得了一系列教学改革成果。

我院数控技术专业是国家重点建设专业,拥有中央财政支持的国家级数控实训基地。为巩固"地方技能型高水平大学"建设成果,我们组织一线教师及行业企业专家修订了先前出版的"国家骨干高职院校建设项目成果丛书"。修订后的丛书结合SP－CDIO人才培养模式,把构思(Conceive)、设计(Design)、实施(Implement)、运作(Operate)等过程与企业真实案例相结合,体现出专业技术技能(Skill)培养、职业素养(Professionalism)形成与企业典型工作过程相结合的特点。经过同志们的通力合作,并得到合作企业的大力支持,这套丛书于2020年6月起陆续完稿。我觉得这项工作很有意义,期望这些成果在职业教育的教学改革中发挥引领与示范作用。

成绩属于过去,辉煌需待开创。在学校未来的发展中,我们将依然牢牢把握育人是学校的第一要务,在坚守优良传统的基础上,不断改革创新,提高教育教学质量,加强学生工匠精神的培养与提升,培育更多更好的技术技能人才,为区域经济和社会发展做出更大贡献。

我希望丛书中的每一本书,都能更好地促进学生对职业技能的掌握,希望这套丛书越编越好,为广大师生所喜爱。

是为序。

2020 年 6 月

前　　言

　　本书采用 CDIO 模式的项目式教学,讲述了数控铣床(加工中心)方面的编程、操作、加工的基础知识和技能训练要点。全书分 9 个教学项目,分别为:认识数控铣床,平面类零件加工,沟槽类零件加工,内外轮廓类零件加工,旋转、缩放零件加工,孔系零件加工,用户宏程序的应用,自动编程加工,CDIO 二级项目。使用本书时,学生可以按照书本上布置的项目、任务完成学习过程,也可以按照授课教师的要求完成项目、任务。

　　CDIO 模式指围绕构思(Conceive)、设计(Design)、实现(Implement)和运作(Operate)而形成的教学模式,是近年来国际工程教育改革的最新成果。该模式以从产品研发到产品运行的生命周期为载体,引导学生以主动的、实践的、发掘课程之间有机联系的方式学习工程理论知识和技能。

　　对于 CDIO 项目式教学实践,笔者也处于摸索阶段。高职教育的创新之路永远没有尽头,需要不断探索。我们努力的目的就是提高学生的综合技能水平及培养学生精益求精的工匠精神。

　　本书由阜阳职业技术学院杨辉(编写项目 1、3)和张宣升(编写项目 2、6)任主编,阜阳技师学院张孟陶(编写项目 7、9)和滑雪燕(编写项目 4)任副主编,参加编写的还有淮海技师学院李宁(合作编写项目 5、8),安徽临泉智创精机有限公司王子彬(合作编写项目 5、8),芜湖甬微制冷配件有限公司樊俊(合作编写项目 5、8)。本书在编写过程中参考了兄弟院校所编写的教材和资料,得到了有关教师和工程技术人员的大力支持和技术指导,特此表示感谢。

编　者

目　　录

项目 1 认识数控铣床

1.1 提 出 问 题

东莞市成田精密机械有限公司是一家生产电磁阀阀体的专业生产企业,近期由于工厂扩大生产规模,需要购买若干台数控铣床(加工中心),但是工厂技术人员对数控铣床不是十分了解,委托你向工厂推荐机床参数及型号,你能胜任吗?

1.2 所需要的知识

1.2.1 数控铣床概述

1. 数控铣床概念

数控铣床就是利用数字化信息控制铣刀和工作台的进给运动,以及一些其他运动,进而加工出合格工件的机床。

2. 数控铣床的产生

随着社会生产和科学技术的不断进步,各类工业新产品层出不穷。机械制造产业作为国民工业的基础,其产品更是日趋精密复杂,特别是航天、航海、军事等领域所需的机械零件,精度要求更高,形状更为复杂且往往批量较小,加工这类产品需要经常改装或调整设备,普通机床显然无法适应这些要求。同时,随着市场竞争的日益加剧,企业生产也迫切需要进一步提高其生产效率,提高产品质量及降低生产成本。一种新型的生产设备——数控机床就应运而生了 。

帕森斯公司接受委托,与麻省理工学院伺服机构实验室(Servo Mechanism Laboratory of the Massachusetts Institute of Technology)合作,于 1952 年试制成功世界上第一台数控机床试验性样机。1959 年,美国克耐·杜列克公司(Keaney & Trecker)首次成功开发了加工中心(Machining Center)。

3. 数控铣床的发展过程

第 1 代数控机床:1952~1959 年采用电子管元件构成的专用数控装置(NC)。

第 2 代数控机床:从 1959 年开始采用晶体管电路的 NC 系统。

第 3 代数控机床:从 1965 年开始采用小、中规模集成电路的 NC 系统。

第 4 代数控机床:从 1970 年开始采用大规模集成电路的小型通用电子计算机控制的系统(CNC)。

第 5 代数控机床:从 1974 年开始采用微型计算机控制的系统(MNC)。

4. 数控铣床的发展趋势

① 计算机直接数控系统。所谓计算机直接数控(Direct Numerical Control,DNC)系统,即用一台计算机为数台数控机床进行自动编程,编程结果直接通过数据线输送到各台数控机床的控制箱。

② 柔性制造系统。柔性制造系统(Flexible Manufacturing System,FMS)也叫作计算机群控自动线,它是将一群数控机床用自动传送系统连接起来,并置于一台计算机的统一控制之下,形成一个用于制造的整体。

③ 计算机集成制造系统。计算机集成制造系统(Computer-Integrated Manufacturing System,CIMS),是指用最先进的计算机技术,控制从订货、设计、工艺、制造到销售的全过程,以实现信息系统一体化的、高效率的柔性集成制造系统。

从数控机床技术水平看,高精度、高速度、高柔性、多功能和高自动化是数控机床的重要发展趋势。现代数控系统均采用 16 位或 32 位微处理器、标准总线及软件模块和硬件模块结构,内存容量扩大到 1 MB 以上,机床分辨率可达 0.1 m,高速进给可达 100 m/min,控制轴数高达 16 个。

1.2.2 数控铣床的功能及加工对象

1. 数控铣床的功能

数控铣床的种类很多,不同的数控铣床的功能也不完全相同,其功能大致可分为一般功能和特殊功能:一般功能是指各类数控铣床都具有的功能,如各种固定循环功能、刀具半径补偿功能、点位控制功能、直线控制功能和轮廓控制功能等;特殊功能则是指数控铣床在增加了一定的特殊装置或附件后才能具有的一些功能,如自动交换工作台功能、刀具长度补偿功能、靠模加工功能、自适应功能等。与数控镗铣类加工中心相比,数控铣床除了刀库和自动换刀功能以外,其他结构和功能都与镗铣类加工中心基本相同,可以对各种工件进行钻孔、扩孔、锪孔、铰孔、镗孔加工以及攻螺纹等,但是数控铣床的最主要功能还是进行铣削类加工。

适合以数控铣床加工的零件如下:

(1) 周期性重复生产的零件

某些机械产品的市场需求具备一定的周期性和季节性,若采用专机生产则经济效益较差;若采用普通设备则加工效率低,质量也难以保证。而采用数控铣床完成首件(批)加工后,该零件的加工程序和相关的生产信息都可以保存下来,当再生产下一件(批)相同产品时,只需要很短的准备时间,使得生产周期大大缩短。

(2) 高精度零件

有些设备上的关键部件需求量小,但要求其精度高、一致性好。而数控铣床本身所具有的高精度正好可以满足产品要求,同时由于整个生产加工过程完全由程序自动控制,从而避免了人为因素的干扰,保证了同一批产品质量的一致性。

(3) 形状复杂的零件

多轴联动的应用以及各种 CAD/CAM 技术的不断成熟与完善,使得被加工零件的形状复杂程度可以大大提高。另外,DNC 加工(在线加工)方式的使用使复杂零件的自动加工变得更加容易和方便。

(4) 具有合适批量的零件

数控铣床适合中小批量零件的生产加工,甚至是单件生产。

2. 数控铣床的主要加工对象

(1) 平面类工件

加工面平行、垂直于水平面或者加工面与水平面的夹角为定角的工件称为平面类工件。其特点是:各个需加工面是平面或者可以展开为平面。

(2) 曲面类工件

待加工面是空间曲面的工件属于曲面类零件。它的特点是:待加工面不能展开为平面,但同时加工面又始终与铣刀呈点接触。一般采用三坐标数控铣床来加工曲面类工件。

(3) 角度变化类工件

加工面与水平面的夹角呈连续性变化的工件称为角度变化类工件,该类零件多为航空航天设备上的零件。其特点是:加工面不能展开为平面,而且在加工过程中,加工面与铣刀接触的一瞬间为一条直线。一般情况下,最好采用四坐标、五坐标联动的数控铣床进行摆角加工。

1.2.3　数控铣床(加工中心)的分类

1. 按机床结构特点及主轴布置形式分类

(1) 立式数控铣床(加工中心)

其主轴轴线垂直于机床工作台,如图 1.1 所示。其结构形式多为固定立柱,工作台为长方形,无分度回转功能。它一般具有 X、Y、Z 三个直线运动坐标轴,适合加工盘、套、板类零件。

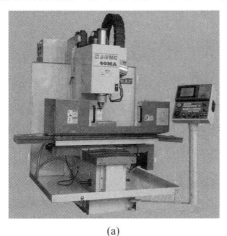

(a)　　　　　　　　　　　　　　　　(b)

图 1.1　立式数控铣床(加工中心)

立式数控铣床(加工中心)操作方便,加工时便于观察,且结构简单,占地面积小,价格低廉,因而得到广泛应用。但受立柱高度及换刀装置的限制,不能加工太高的零件,在加工型腔或下凹的型面时,切屑不容易排出,严重时会损坏刀具,破坏已加工表面,使加工不能顺利进行。

(2) 卧式数控铣床(加工中心)

其主轴轴线平行于水平面,如图 1.2 所示。卧式数控铣床(加工中心)通常带有自动分度的回转工作台,它一般具有 3~5 个坐标,常见的是 3 个直线运动坐标加 1 个回转运动坐标,工件一次装夹后,可完成除安装面和顶面以外的其余 4 个侧面的加工,它最适合加工箱体类零件。与立式数控铣床(加工中心)相比较,卧式数控铣床(加工中心)排屑容易,有利于加工,但结构复杂,造价较高。

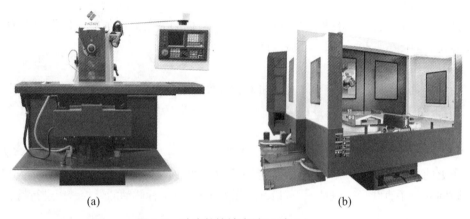

(a)　　　　　　　　　　　　　　　　(b)

图 1.2　卧式数控铣床(加工中心)

(3) 龙门式数控铣床(加工中心)

它具有双立柱结构,主轴多为垂直设置,如图 1.3 所示,这种结构进一步增强了机床的刚性,数控装置的功能也较齐全,能够一机多用,尤其适合加工大型工件或形状复杂的工件,如大型汽车覆盖件模具零件、汽轮机配件等。

图 1.3　龙门式数控铣床(加工中心)

(4) 多轴数控铣床(加工中心)

联动轴数在 3 轴以上的数控机床称为多轴数控机床。常见的多轴数控铣床(加工中心)有四轴四联动、五轴四联动、五轴五联动等类型,如图 1.4 所示。工件一次安装后,能实现除安装面以外的其余 5 个面的加工,零件的加工精度大大提高。

(5) 并联机床

又称虚拟轴机床,以 Stewart 平台型机器人机构为原型而设计,这类机床改变了以往传统机床的结构,通过连杆的运动,实现主轴的多自由度运动,可以完成对工件复杂曲面的加工,如图 1.5 所示。

 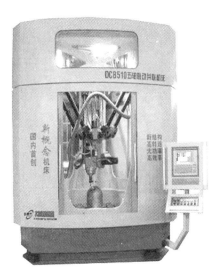

图 1.4　五轴数控加工中心　　　　　图 1.5　并联机床

2. 按数控系统的功能分类

(1) 经济型数控铣床(加工中心)

经济型数控铣床(加工中心)通常采用开环控制数控系统,这类机床可以实现三坐标联动,但功能简单,加工精度不高。

(2) 全功能数控铣床(加工中心)

这类机床所使用的数控系统功能齐全,采用半闭环或闭环控制,加工精度高,因而得到了广泛的应用。

3. 按伺服系统的类型分类

(1) 开环控制系统

这类机床的数控装置将零件的加工程序处理后,输出指令信号给伺服驱动系统,驱动机床运动,没有来自位置检测装置的反馈信号,信号流程是单向的。典型的开环伺服系统采用步进电动机的伺服系统。该伺服系统的精度主要取决于驱动元器件和步进电机的性能。该系统结构简单,稳定性好,调试和维修方便,而且成本低,但控制精度不高,它多见于经济型的小型数控机床和对旧设备的改造中。如图 1.6 所示。

(2) 闭环控制系统

这类机床具有位置反馈装置。数控装置中插补器发出的位置指令信号随时与工作台上检测的实际位置反馈信号进行比较,根据差值不断进行误差修正,直至差值为零则停止运动。由于这种系统的位置检测信号取自机床工作台,因此包含了整个传动系统的全部误差,故称为全闭环系统。该系统加工精度高,但设计、调试、维修困难,且系统复杂,成本较高。

它主要见于一些精度要求很高的镗铣床、超精车床和一些大型数控机床等。如图1.7所示。

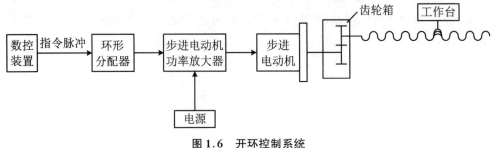

图1.6 开环控制系统

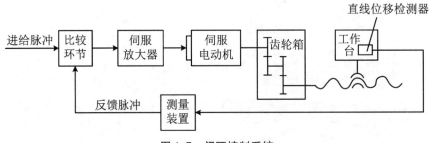

图1.7 闭环控制系统

(3) 半闭环控制系统

大多数数控机床是半闭环伺服系统,这类机床的检测元件安装在电机轴或丝杠轴的端部,闭环控制回路内不包括丝杠螺母副与工作台等机械传动环节,故称为半闭环控制系统。这种系统稳定性好,调试方便,控制精度与定位精度比开环系统高,但比闭环系统低。目前大多数中小型数控机床都采用这种控制方式。如图1.8所示。

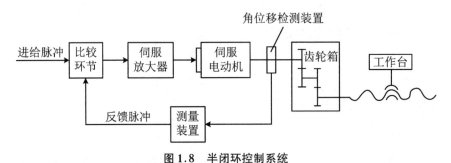

图1.8 半闭环控制系统

1.2.4 数控铣床电气部分组成

数控铣床一般由计算机数控系统(CNC系统)和机床本体两大部分组成,如图1.9所示。

1. 计算机数控系统

一台数控铣床性能的优劣主要取决于计算机数控系统(CNC系统),如脉冲当量的大小、进给速度和检测精度的高低等,所以可以说CNC系统是数控铣床的核心。图1.10所示为 Fanuc 数控系统。

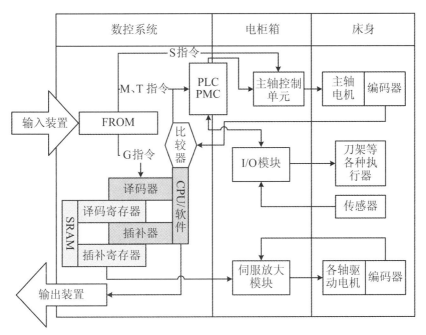

图 1.9　数控铣床电气示意图

图 1.10　Fanuc 数控系统

CNC 系统又可分为硬件设备和数控软件两个部分,也可具体地分为输入与输出装置、数控装置、伺服驱动装置、可编程序控制器(PLC)、检测与反馈装置等。

(1) 输入与输出装置

输入与输出装置是数控铣床与外部设备的接口。根据零件图编制的加工信息(程序)必须通过输入装置传输到机床数控系统后,数控系统才能根据程序控制机床的运动,加工出满足图纸要求的零件;机床内存中的程序也可以通过输出装置传送到不同的存储介质上。由于编制好的加工程序一般都存放在穿孔纸带、磁盘、磁带、光盘、CF 卡(图 1.11)或 U 盘上,所以常用的典型输入装置有纸带阅读机、磁带机、磁盘驱动器、CF 卡槽和 USB 接口等。

图 1.11　CF 卡及卡套

手动数据输入方式(MDI)和程序编辑方式(EDIT)也是常用的输入方式。操作人员可以直接在 NC 装置的控制面板上利用键盘输入、编辑、修改程序和发送各种命令,同时可利用显示器显示各项操作是否正确。目前,RS232C 串行通信接口也应用得越来越广泛。

(2) 数控装置

数控装置是数控铣床的核心。现代的数控铣床都采用计算机数控装置,主要包括微处理器(CPU)、存储器、各种接口电路、CRT 显示器、键盘等部件。它的作用是接收外部输入的信息(程序)后,通过各种插补运算得到最优化的刀具或工作台的运动轨迹,并将信号输出到执行元件(伺服元件、驱动元件)上,最终加工出合格的工件。数控装置的作用可以概括为三点:输入、轨迹插补运算、位置控制。

(3) 伺服驱动装置

伺服驱动装置(图 1.12)包括伺服驱动电机、各种伺服驱动元件和执行机构,是整个数控系统的执行部分。其中,伺服元件的主要作用是接收来自数控装置的进给指令,经过放大和变换后再传输给驱动装置,这样由数控装置发出的微弱信号就变成了大功率信号。根据接收指令形式的不同可以将伺服单元分为模拟式和脉冲式;根据电源种类的不同又可将其分为直流伺服单元和交流伺服单元。驱动装置将放大后的指令信号转换成各种机械运动(主要是刀具和工作台之间的相对运动)。一台数控铣床的程序运行完全是依靠伺服驱动装置来完成的,因此伺服驱动装置是数控铣床的重要组成部分。可以这样说,一台数控铣床功能强弱主要由数控装置决定,而其性能好坏则主要取决于它的伺服驱动装置。

图 1.12　伺服驱动装置

(4) 可编程序控制器(PLC)

数控铣床的自动控制是由 CNC 系统和可编程序控制器(PLC)共同完成的。其中 CNC 系统主要完成与数字运算和管理方面有关的工作,包括轨迹插补运算、译码和编辑加工程序等。PLC 是专门应用于工业环境的以微处理器为基础的通用型自动控制装置。它的主要作用是解决各种工业设备中的逻辑关系和开关量的控制,但没有轨迹运算与控制上的功能,如 PLC 可以接收 M(辅助功能)、T(叫刀、换刀功能)、S(主轴转速功能)等控制代码,经过译码后再转换为相对应的控制信号,并驱动相关的辅助装置去完成一系列的开关动作,如进给的保持、切削液的开关、刀具的更换、主轴的转动与停止等。

(5) 检测反馈装置

检测反馈装置的作用是对数控铣床的实际运动方向、速度、位移量和加工状态等加以检测,并将检测结果转化为电信号反馈给数控装置,通过分析比较,计算出实际位置与指令要求位置之间的差值后,发出纠正误差的信号,直到满足要求为止。检测反馈装置通常安装在工作台或滚珠丝杠上,其类型和安装位置由伺服控制系统的类型决定。伺服系统一般分为开环、闭环和半闭环控制系统。开环控制系统一般没有检测反馈装置,其系统精度取决于步进电动机和滚珠丝杠的精度;半闭环控制系统常将检测反馈装置装在滚珠丝杠上,闭环控制系统则将检测反馈装置装在工作台上,两者的精度都由检测反馈装置的精度来决定。常用的位置检测元件有磁栅、光栅、感应同步器等。

2. 机床本体

机床本体是加工运动的实际机械部件,也是数控铣床的主体,主要包括:基础部件(床身、立柱、底座)、主运动部件(主轴)、进给运动部件(工作台、刀架),还有用于冷却、润滑、转位等的部件。

机床本体不仅要完成数控装置所控制的各种运动,还要承受包括切削力在内的各种力,所以机床本体必须具有良好的几何精度、足够的刚度、较小的热变形、较低的摩擦阻力,才能保证数控铣床的加工精度。

数控铣床的机床本体与普通铣床相比具有以下特点:

① 采用高性能主轴部件及传动机构。

② 机械结构具有较高的刚度和耐磨性,热变形小。

③ 采用了更多的高精度传动部件,如滚动导轨、静压导轨、滚珠丝杠等。

1.2.5　数控铣床机械部分组成

数控铣床的机械结构主要包括主传动机构和进给系统两大部分。由于数控铣床在功能和原理上与普通铣床有很大的差别,所以数控铣床对主传动机构和进给系统提出了更高的要求,在结构上做出了较大的改进。

1. 数控铣床的主传动机构

(1) 主轴部件

数控铣床的主轴部件对机床加工质量和性能的影响是最大的,也是最直接的。其回转精度影响零件的加工精度,主轴准停、自动变速等不仅影响机床的自动化程度,而且和主轴电机功率、主轴回转速度等一起共同影响机床的加工效率。所以要求数控铣床的主轴部件能够与其工作性能相适应,要具有较高的回转精度、刚度、抗震性、耐磨性和较低的温升。这样在其结构上就必须解决好主轴轴承的配置、主轴的润滑和密封以及刀具的装夹等问题。

① 主轴轴承的配置。根据数控铣床的规格和精度要求的不同,主轴所采用的轴承也不一样。通常中小规格的数控铣床多采用成组高精度滚动轴承;大型、重型数控铣床采用液体静压轴承;高精度数控铣床则采用气体静压轴承;对于转速在 20 000 r/min 以上的数控铣床必须采用磁力轴承或者氮化硅材料的陶瓷滚珠轴承。

② 主轴的润滑和密封。为了减少主轴高速转动时的磨损和摩擦发热,把产生的热量带走,尽量减小主轴的热变形,一般采用循环式润滑系统,即利用液压泵来供油润滑,同时利用油温控制器控制油箱内油液的温度。但是高档数控铣床的主轴轴承则采用了高级油脂封闭式润滑(图 1.13),加一次润滑油脂可以使用 7~10 年,这样既简化了机床结构,又降低了使用成本,而且更易于维护和保养。常用的主轴润滑方式有油气润滑方式、油雾润滑方式、喷注润滑方式、滴注润滑方式。

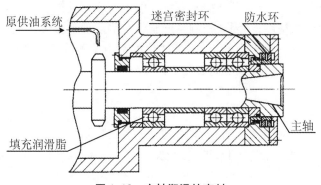

原供油系统　迷宫密封环　防水环

主轴

填充润滑脂

图 1.13　主轴润滑的密封

③ 刀具的装夹。对具有刀具自动夹紧装置的数控铣床(图 1.14),其刀杆常采用 7∶24 的大锥度锥柄,它既有利于定心,又方便松刀。在夹紧状态下,碟形弹簧通过拉杆和夹头拉住刀柄的尾部,使刀具的锥柄与主轴锥孔紧密配合,其夹紧力可达 10 000 N 以上;松刀时,通过液压缸活塞推动拉杆,压缩碟形弹簧,使夹头张开,这样夹头与刀柄上的拉钉脱离,就可拔出刀具,同时压缩空气由喷气口经过活塞中心孔和拉杆中的孔喷出,将锥孔清理干净,防止主轴锥孔 L 中进入的切屑和灰尘把锥孔表面和刀杆锥柄划伤。拔出旧刀具后,就可以装入新刀具。此时液压缸的活塞后移,新刀具又被碟形弹簧拉紧。

(2) 主轴传动系统的要求

随着各项技术的不断发展,现代数控铣床对主轴传动系统也提出了更多、更高的要求:

① 具有更大的调速范围。数控铣床为了能在加工中选用合理的切削用量,从而获得最高的生产效率、加工精度和表面质量,就必须具有更大的调速范围。数控铣床的主轴变速是由程序指令控制的,要求能在较宽的范围内实现无级调速,减少中间环节,简化主轴箱。一般要求达到 1∶(100~1 000)的恒转矩调速范围和 1∶10 的恒功率调速范围,而且能够实现四象限驱动功能。

② 主轴输出功率大。为了满足生产加工的要求,数控铣床的主轴在整个速度范围内都必须能提供切削所需的功率,如果能达到主轴电机的最大输出功率则更好,也就是恒功率范围要宽。但主轴电动机在低速阶段均为恒转矩输出,因此为了满足数控铣床低速时强力切

削的要求,常采用分段无级变速的方法,即在低速时采用机械减速装置,以提高输出转矩。

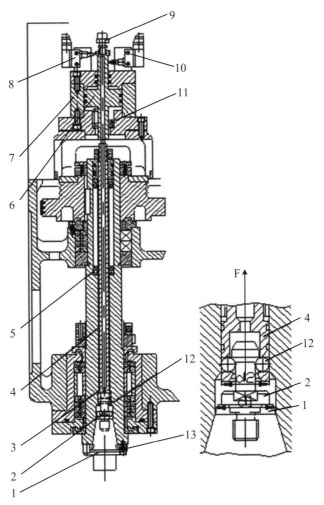

图1.14 自动换刀数控立式铣镗床主轴部件(JCS-018)

1.刀夹 2.拉钉 3.主轴 4.拉杆 5.碟形弹簧 6.活塞
7.液压缸 8.行程开关 9.压缩空气管接头 10.行程开关
11.弹簧 12.钢球 13.端面键

③ 具有较高的刚度、精度。数控铣床的加工精度与其主传动系统的精度密切相关,因此必须提高主轴传动件的制造精度和刚度。齿轮齿面要经过调频感应加热淬火以增加耐磨性;最后一级采用斜齿轮传动,使传动更平稳;采用高精度的轴承、合理的支承跨距,以提高主轴组件的刚性。

④ 具有良好的抗振性和热稳定性。数控铣床在加工过程中,受断续切削、加工余量不均匀、运动部件不平衡和切削过程中的自振等原因所引起的冲击力或者交变力的影响,主轴会产生振动,从而影响加工精度和表面粗糙度,甚至可能破坏刀具或主传动系统中的零件。同时主传动系统发热又使其中所有的零部件产生热变形,降低传动效率,破坏零部件之间的相对位置精度和运动精度,造成加工误差。因此主轴组件要有较高的固有频率,实现动平衡,并保持合适的配合间隙,还要进行循环润滑等。

对主轴传动系统除了有以上要求之外,还有主轴定向准停控制、主轴旋转与坐标轴进给的同步、恒线速度切削等控制要求。

2. 数控铣床的进给系统

数控铣床进给系统主要控制机床的各个直线坐标轴、回转坐标轴的定位以及切削进给，所以它直接影响到数控铣床的运行状态和各项精度指标。图 1.15 为数控铣床进给系统的机电关系图。

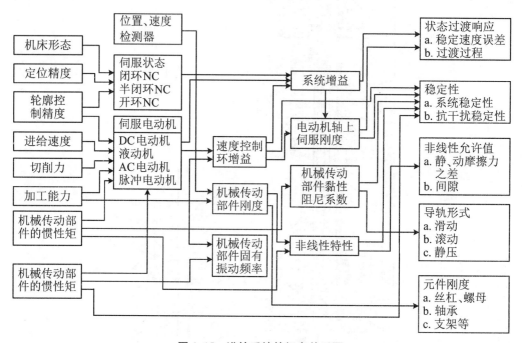

图 1.15　进给系统的机电关系图

按照驱动方式的不同，数控铣床的进给系统可以分为液压伺服进给系统和电气伺服进给系统两大类。但随着各类伺服电动机和进给驱动装置的不断发展，当前大多数数控铣床都采用了电气伺服进给系统。按照检测反馈方式的不同又可分为开环、闭环和半闭环控制系统。对于一般精度要求的数控铣床，采用半闭环控制系统就完全能够达到生产加工的精度要求，因此目前市场上的大多数数控铣床都采用了半闭环进给伺服控制系统。

为了达到进给传动系统的定位精度、快速响应特性和系统稳定性要求，就必须使数控铣床进给传动系统中的机械传动装置和伺服元件满足如下基本要求：

(1) 数控铣床对进给系统机械传动装置的基本要求

① 高的定位精度和传动精度。数控铣床通过预先编制好的程序对工件进行自动加工，在加工过程中就不可能用手动操作去调整和补偿各种因素对加工精度的影响，所以机械传动装置的定位精度和传动精度是影响零件的加工精度的最直接因素，也能最直接地反映出产品的质量。为了保证机械传动装置的定位精度和传动精度，在数控铣床的设计和制造过程中，通过在进给系统中加入减速齿轮(减小脉冲当量)，将滚珠丝杠预紧，消除齿轮、蜗轮等传动件之间的间隙等方法来满足相关要求。

② 减小各运动部件的惯量。在数控自动加工过程中，要想确保加工精度，就必须要求各进给运动部件能够迅速启动和停止，也就是对外部信号的反应要灵敏，所以数控铣床在满

足传动的强度和刚度的条件下,应尽量减小运动件的惯量。

③ 减小各运动件的摩擦力。只有减小了运动件的摩擦(如主轴的升降、工作台的直线移动和丝杠传动等),才能消除爬行现象,才能长期保持数控铣床的加工精度,提高系统的稳定性。

④ 要有适当的阻尼。阻尼一方面可以增强系统的稳定性,另一方面也会降低伺服系统的快速响应特性,所以对于阻尼的选择以适当为准。

⑤ 高的稳定性。一个自动控制系统性能的好坏首先取决于其稳定性,稳定性是进给伺服系统正常工作的最基本条件。系统不稳定,伺服系统的工作性能将受到影响,如当外部负载变化时机床不能产生共振、低速进给切削时不能出现爬行现象等。但系统的稳定性又与系统的惯性、刚性、阻尼和增益诸多因素有着密切关系,只有适当选择各项参数,才能使整个系统达到最佳的工作性能。

⑥ 较长的使用寿命。数控铣床的使用寿命是指保持机床定位精度和传动精度的时间,也就是各传动部件保持其原有制造精度的能力。要想使数控铣床获得较长的使用寿命,就必须合理选择各传动件的材料、热处理方法和加工工艺,同时还要采用适当的润滑方式和一定的防护措施。

(2) 进给系统机械传动装置的典型结构

① 滚珠丝杠螺母副。滚珠丝杠螺母副(图1.16)是将回转运动与直线运动相互转换的新型理想传动装置,它在具有螺旋槽的丝杠和螺母之间装有滚珠,属于螺旋传动机构的一种新形式。滚珠丝杠螺母副与传统的滑动丝杠螺母副相比具有系统刚度高、运动平稳、传动精度高、耐磨性好、使用寿命长等特点。

图1.16　滚珠丝杠螺母副

根据滚珠循环方式的不同,可以将滚珠丝杠螺母副分为外循环式和内循环式两种,其结构如图1.17所示。

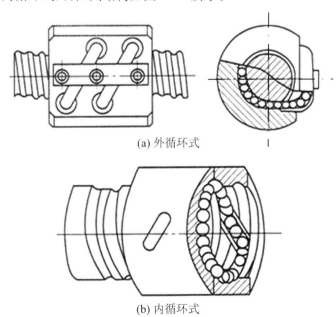

(a) 外循环式

(b) 内循环式

图1.17　滚珠丝杠螺母副的两种类型

滚珠丝杠螺母副的工作原理是:在丝杠和螺母上都加工有弧形螺旋槽,当把它们装在一起时就形成了螺旋通道,并且滚道内填满滚珠,当丝杠相对于螺母旋转时,两者就产生了轴向位移,而滚珠则可以沿着滚道移动。内循环式与外循环式的主要区别是内循环式的滚珠在循环过程中始终与滚道接触,而外循环式的滚珠则在螺母体内和体外作循环运动。

滚珠丝杠螺母副的传动间隙是轴向间隙。当丝杠反向转动时,将会产生空回误差,从而影响其传动精度和轴向精度。一般采用预紧的方法来减小轴向间隙,以保证反向传动时的传动精度和轴向精度。常用的预紧方法有以下几种:

a. 螺母螺纹式预紧(图 1.18)。

b. 双螺母垫片式预紧(图 1.19)。

c. 双螺母齿差式预紧。

d. 弹簧式自动预紧。

e. 单螺母变位导程式预紧。

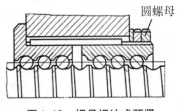

图 1.18 螺母螺纹式预紧

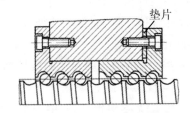

图 1.19 双螺母垫片式预紧

② 传动齿轮间隙消除机构。数控铣床进给伺服系统中传动齿轮的主要作用是:降速和减小滚珠丝杠与工作台在系统中所占的转动惯量的比例。所以传动齿轮除了要有高的运动精度和工作稳定性以外,还要能够消除齿侧间隙,从而消除反向传动死区。对于不同类型的齿轮,其消除间隙的方法也不同,常用的齿轮间隙消除方法有:

a. 直齿圆柱齿轮:偏心套调整法、轴向垫片调整法、双片薄齿轮错齿调整法。

b. 斜齿圆柱齿轮:垫片错齿调整法、轴向压簧错齿调整法。

c. 锥齿轮:轴向压簧调整法、周向弹簧调整法。

③ 联轴器组件。联轴器是将进给机构的两根轴连接起来,使之同步转动,并且传递运动和扭矩的装置。要想保证其传动精度、消除回程误差,也必须要消除其在扭转方向上的连接间隙。常用联轴器有:套筒式联轴器、锥环无键联轴器。

(3) 数控铣床对进给系统伺服驱动元件的基本要求

数控系统发出的各种控制指令,必须通过进给系统的伺服驱动元件才能驱动机械执行元件(如滚珠丝杠等),最终实现精确的进给运动。它的性能决定了数控铣床的许多性能,如定位精度、最高移动速度、轮廓跟随精度等,因此数控铣床对伺服驱动元件提出了以下要求:

① 高精度。伺服驱动元件只有具有了较好的静态特性和较好的动态特性,才能达到较高的定位精度,从而保证数控铣床具有较小的定位误差和重复定位误差。目前进给伺服系统的分辨率可高达 1 pm 或者 0.1 pm,有的甚至达到了 0.01 pm。而较好的动态特性则可以保证数控铣床具有较高的轮廓跟随精度。

② 宽调速。在数控加工中,加工材料、选用刀具、进给速度、主轴转速等存在着很大差别,要想在任何情况下都能得到最佳的切削条件,就要求伺服驱动元件必须具有足够宽的调速范围,一般要达到 1:10 000。

③ 快速响应特性。数控加工很大的优势就在于其高效率、高精度,所以为了保证加工精度和提高生产效率,就要求伺服驱动元件在启动、制动时必须具有快速响应特性,即加、减速时的加速度要足够大,从而缩短过渡的时间以减小轮廓过渡误差。一般的伺服驱动元件在从零速增加到最高速或者从最高速降低到零速的时间要小于 200 ms。

较早时期的数控铣床多采用电液伺服驱动,而现代数控铣床则基本上都采用了全电气伺服驱动元件。全电气伺服驱动元件主要包括各类步进电动机、直流伺服电动机和交流伺服电动机等,其中又以交流伺服电动机各项综合性能最优,应用也最为广泛。

1.3　CDIO 项 目

CDIO 项目的运行过程、结题报告及项目运行学生自我评价,分别如表 1.1~表 1.3 所示。

表 1.1　CDIO 运行过程详表

教学环节		预计时间(min)	任 务 活 动	备注
构思(Conceive)	学生分配	5	自由分组,每组 6 人左右。确定本项目的轮值组长、轮值班长、轮值记录、轮值助理、轮值卫生员	
	布置任务	10	轮值班长发放任务书和学生学习材料;轮值助理与各轮值组长开会讨论	
	小组讨论	30	组内讨论,初步进行组内分工,确定工作计划及初步的工作方案,并制作汇报文件	
	小组报告	45	组内发言人报告,内容至少包括: 1. 组内同学介绍; 2. 组内分工; 3. 初步工作方案; 4. 工作计划(甘特图); 5. 工作重点; 6. 大致分析所用到的知识; 7. 初步分析所用到的工具; 8. 预算所需要的费用; 9. 遇到的困难和解决对策等	
设计(Design)	小组方案设计	45	对报告内容进行全面讨论,确定报告中方案的可行性,并最终确定方案	
实现(Implement)	项目实施	360	每个小组根据确定的方案、小组成员分工、原定的工作方案和工作计划实施项目。 本项目内容包括: 1. 调查东莞市成田精密机械有限公司所加工的产品; 2. 调查东莞市成田精密机械有限公司对机床的要求; 3. 分析该公司所需要的机床主要参数; 4. 与公司负责人及工人核实调查结果; 5. 调查机床的性能、寿命、口碑及售价;	

教学环节	预计时间(min)	任 务 活 动	备注
实现(Implement) 项目实施	360	6. 综合价格因素,在满足所有要求的情况下,为东莞市成田精密机械有限公司推荐机床,并撰写《机床选用报告》; 7. 准备机床采购招标资料; 8. 准备项目汇报资料	
运作(Operate) 项目运行	90	根据项目实施结果,为东莞市成田精密机械有限公司撰写《机床选用报告》	
运作(Operate) 结题报告与答辩	45	小组发言人作结题报告,报告内容至少包括: 1. 项目实施过程; 2. 总结项目实施的亮点与不足; 3. 小组成员贡献与配合情况; 4. 学到的知识; 5. 机床选用注意事项; 6. 介绍本项目所选择的机床及招标采购注意事项; 7. 回答同学们的提问	
运作(Operate) 评价	10	1. 按照评价方法,由组长给出小组成员的排名。给出的成员排名依据是小组各成员的贡献、与他人的配合情况等,采用民主的方法评判。 2. 合作企业及教师为学生评价	

表 1.2　结题报告评分表

序号	评 价 指 标	差	中	好	很好	优
1	目标明确	1	2	3	4	5
2	重点阐述明确	1	2	3	4	5
3	与听者有很好的交流	1	2	3	4	5
4	能很好地运用声音	1	2	3	4	5
5	演讲者之间转换流畅	1	2	3	4	5
6	着装、手势等	1	2	3	4	5

表 1.3　项目运行学生自评表

评价项目	评 价 内 容	分值	分数
过程考核	作业	10%	
过程考核	实操情况	10%	
过程考核	学习情况	10%	
CDIO 设计与实现	项目构思(报告＋演讲)	10%	
CDIO 设计与实现	项目过程	20%	
CDIO 设计与实现	项目运作(成品＋报告与答辩＋互评)	40%	
总　　分			

思考与作业

1. 请简述滚珠丝杠螺母副的工作原理。
2. 常用的滚珠丝杠螺母副预紧方法有哪几种?
3. 数控铣床由哪几部分组成?
4. 请简述数控铣床的加工对象。
5. 请简述数控铣床的分类。

项目2　平面类零件加工

2.1　提　出　问　题

东莞市成田精密机械有限公司要在一种阀体上钻4个相同的孔,为提高生产效率,工厂技术人员决定对该4个孔使用群钻一次加工完毕。现在的问题是缺少一种能方便快捷地将阀体固定在台钻上的成型的夹具。经过工厂技术人员的初步设计,此夹具的设计如图2.1所示,夹具零件1~3分别如图2.2~2.4所示。零件2可以向上抬起,此时可将阀体放入阀体应该放置的位置,为气缸上部供气,再将零件2放下,将阀体压住。夹具整体的材料为铸铁。在本项目中,请你将零件1加工出来。在项目实施过程中,可以为本夹具做二次设计。

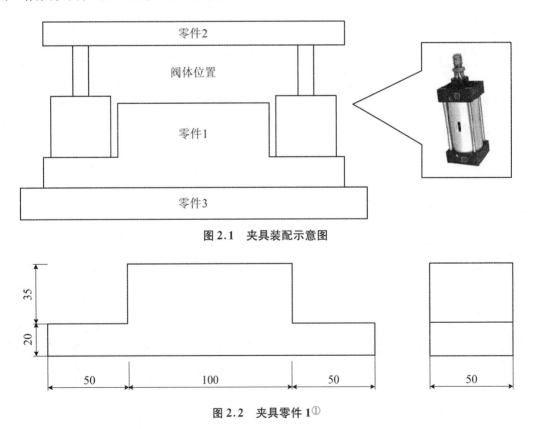

图2.1　夹具装配示意图

图2.2　夹具零件1①

———————————

① 参照工程实际,本书的图及相关表格中省略长度单位 mm、表面粗糙度单位 μm。

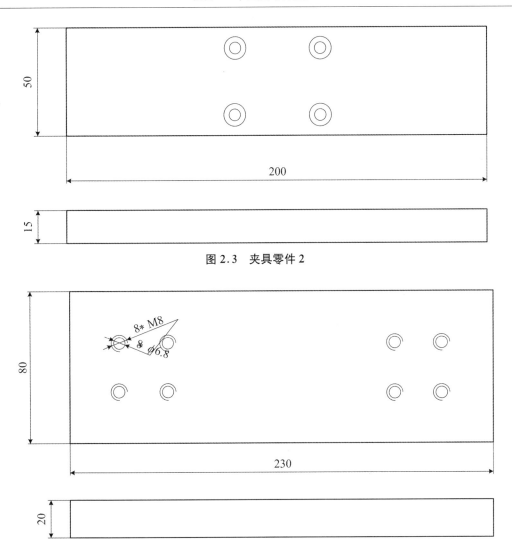

图 2.3　夹具零件 2

图 2.4　夹具零件 3

2.2　所需知识

2.2.1　数控铣削编程的作用与目的

数控机床程序编制(又称数控编程)是指编程者(程序员或数控机床操作者)根据零件图样和工艺要求,编制出可在数控机床上运行,并能完成规定加工任务的一系列指令过程。具体来说,数控编程是从分析零件图样和工艺要求开始到程序检验合格为止的全部过程。数控编程的目的是更有效地获得满足各种零件加工要求的高质量数控加工程序,以便更充分地发挥数控机床的性能,从而获得更高的加工效率与加工质量。数控编程是实现数控加工的重要环节,特别是对复杂零件的加工,编程工作的重要性甚至超过数控机床本身。

2.2.2　数控铣削编程的步骤

一般数控编程步骤如图2.5所示。

1. 分析零件图样和工艺要求

分析零件图样和工艺要求的目的是确定加工方法,制订加工计划,以及确定与生产组织有关的问题。此步骤的内容包括:

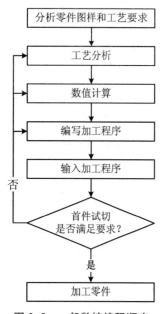

图 2.5　一般数控编程顺序

① 确定该零件应安排在哪类或哪台机床上进行加工。

② 采用何种装夹具或何种装卡位方法。

③ 确定采用何种刀具和采用多少把刀具进行加工。

④ 确定加工路线,即选择对刀点、程序起点(又称加工起点,常与对刀点重合)、走刀路线、程序终点(程序终点常与程序起点重合)。

⑤ 确定切削深度和宽度、进给速度、主轴转速等切削参数。

⑥ 确定加工过程中是否需要提供冷却液,是否需要换刀,何时换刀等。

2. 数值计算

根据零件图样几何尺寸计算零件轮廓数据,或根据零件图样和走刀路线计算刀具中心(或刀尖)运行轨迹数据。数值计算的最终目的是获得编程所需要的所有相关位置坐标数据。

3. 编写加工程序单

在完成上述两个步骤之后,即可根据已确定的加工方案(或计划)及数值计算获得的数据,按照数控系统要求的程序格式和代码格式编写加工程序等。编程者除应了解所用数控机床及系统的功能、熟悉程序指令外,还应具备与机械加工有关的工艺知识,才能编制出正确、实用的加工程序。

4. 制作控制介质,输入程序信息

完成程序单后,编程者或机床操作者可以通过 CNC 机床的操作面板,在 EDIT 方式下直接将程序信息键入 CNC 系统程序存储器中;也可以根据 CNC 系统输入/输出装置的不同,先将程序单的程序制作好或转移至某种控制介质上,然后利用相关工具,将控制介质上的程序信息输入到 CNC 系统程序存储器中。

5. 程序检验与首件试切

编制好的程序,在正式用于生产加工前,必须进行程序运行检验。检验的方法是直接将控制介质上的内容输入到数控装置中,让机床空载运转,以检查机床运动轨迹是否正确。在

有 CRT 图形显示的数控机床上,用模拟刀具与工件切削过程的方法进行检验更为方便。但这些方法只能检验运动轨迹是否正确,不能检验被加工零件的加工精度。因此,在某些情况下,还需做首件试切加工检查。根据检查结果,对程序进行修改和调整,检查—修改—再检查—再修改······往往要经过多次反复,直到获得完全满足加工要求的程序为止。

2.2.3 加工程序的结构

一个完整的程序由程序号、程序的内容和程序结束三部分组成。例如:

O0001;
N01 G92 X40.0 Y30.0;
N02 G90 G00 X28.0 S800 M03;
N03 G01 X－8.0 Y8.0 F200;
N04 X0 Y0;
N05 X28.0 Y30.0;
N06 G00 X40.0;
N07 M02;

1. 程序号

程序号即程序的开始部分。为了区别存储器中的程序,每个程序都要有程序编号,在编号前采用程序编号地址码,如在 FANUC 系统中,一般采用英文字母"O"作为程序编号地址,而其他有的系统采用"P""%"及":"等作为程序编号地址。

2. 程序内容

程序内容部分是整个程序的核心,它由许多程序段组成。每个程序段由一个或多个指令构成,它表示数控机床要完成的全部动作。

3. 程序结束

程序结束是以程序结束指令 M02 或 M30 作为整个程序结束的符号,来结束整个程序。

2.2.4 程序段格式和组成

程序段格式是指一个程序段中字、字符、数据的书写规则。不同的数控系统有不同的程序段格式。格式不符合规定,数控系统便不能接受指令。目前常用的程序段格式是字—地址程序段格式。

一个完整的加工程序由若干个程序段组成,每个程序段由若干个代码字组成,每个代码字则由表示地址的英语字母、特殊文字和数字集合而成。

1. 可编程功能

通过编程并运行这些程序而使数控机床能够实现的功能称为可编程功能。一般可编程功能分为两类:一类用来实现刀具轨迹控制(即各进给轴的运动),如直线/圆弧插补、进给控制、坐标系原点偏置及变换、尺寸单位设定、刀具偏置及补偿等,这一类功能被称为准备功能,以字母 G 以及两位数字组成,也被称为 G 代码;另一类功能被称为辅助功能,用来完成程序的执行控制、主轴控制、刀具控制、辅助设备控制等功能。在这些辅助功能中,Txx 用于选刀,Sxxxx 用于控制主轴转速。其他功能由以字母 M 与两位数字组成的 M 代码来实现。

2. 准备功能

可使用的所有准备功能见表2.1。

表 2.1　准备功能

G 代码	分组	功　能
* G00	01	定位(快速移动)
* G01		直线插补(进给速度)
G02		顺时针圆弧插补
G03		逆时针圆弧插补
G04	00	暂停,精确停止
G09		精确停止
* G17	02	选择 XY 平面
G18		选择 ZX 平面
G19		选择 YZ 平面
G27	00	返回并检查参考点
G28		返回参考点
G29		从参考点返回
G30		返回第二参考点
* G40	07	取消刀具半径补偿
G41		左侧刀具半径补偿
G42		右侧刀具半径补偿
G43	08	刀具长度补偿＋
G44		刀具长度补偿－
* G49		取消刀具长度补偿
G52	00	设置局部坐标系
G53		选择机床坐标系
* G54	14	选用1号工件坐标系
G55		选用2号工件坐标系
G56		选用3号工件坐标系
G57		选用4号工件坐标系
G58		选用5号工件坐标系

续表

G 代码	分组	功　　能
G59	14	选用 6 号工件坐标系
G60	00	单一方向定位
G61	15	精确停止方式
* G64		切削方式
G65	00	宏程序调用
G66	12	模态宏程序调用
* G67		模态宏程序调用取消
G73	09	深孔钻削固定循环
G74		反螺纹攻丝固定循环
G76		精镗固定循环
* G80		取消固定循环
G81		钻削固定循环
G82		钻削固定循环
G83		深孔钻削固定循环
G84		攻丝固定循环
G85		镗削固定循环
G86		镗削固定循环
G87		反镗固定循环
G88		镗削固定循环
G89		镗削固定循环
* G90	03	绝对值指令方式
* G91		增量值指令方式
G92	00	工件零点设定
* G98	10	固定循环返回初始点
G99		固定循环返回 R 点

从表 2.1 中我们可以看到,G 代码被分为了不同的组,这是由于大多数的 G 代码是模态的。所谓模态 G 代码,是指这些 G 代码不但在当前的程序段中起作用,而且在以后的程序段中一直起作用,直到程序中出现另一个同组的 G 代码为止。同组的模态 G 代码控制同一个目标但起不同的作用,它们之间是不相容的。00 组的 G 代码是非模态的,这些 G 代码只在它们所在的程序段中起作用。标有 * 号的 G 代码是上电时的初始状态。G01 和 G00、G90 和 G91 上电时的初始状态由参数决定。

3. 辅助功能

辅助功能主要用来指定数控机床加工过程中的相关辅助动作和机床状态,控制如主轴的启停、正反转、换刀、尾架或卡盘的夹紧与松开等。因多是控制某一电器开关状态,所以又称为开关功能。

辅助功能指令由字母 M 和其后的 2 位数字组成,从 M00 到 M99 共 100 个代码。M 指令也分模态和非模态两种。与 G 指令不同的是,M 指令还分前指令码和后指令码。可供用户使用的 M 代码如表 2.2 所示。

表 2.2　辅助功能

M 代码	功　　能	M 代码	功　　能
M00	程序停止	M09	冷却关
M01	条件程序停止	M18	主轴定向解除
M02	程序结束	M19	主轴定向
M03	主轴正转	M29	刚性攻丝
M04	主轴反转	M30	程序结束并返回程序头
M05	主轴停止	M98	调用子程序
M06	刀具交换	M99	子程序结束返回/重复执行
M08	冷却开		

在一个程序段中只能指定一个 M 代码,如果在一个程序段中同时指定了两个或两个以上的 M 代码,则只有最后一个 M 代码有效,其余的 M 代码均无效。

4. F、S、T、H、D 代码

(1) 进给功能代码 F

表示进给速度,用字母 F 及其后面的若干位数字来表示,单位为 mm/min(米制)或 in/min(英制)。例如:米制 F150.0 表示进给速度为 150 mm/min。

(2) 主轴功能代码 S

表示主轴转速,用字母 S 及其后面的若干位数字来表示,单位为 r/min。例如:S250 表示主轴转速为 250 r/min。

(3) 刀具功能代码 T

表示换刀功能。在进行此道工序加工时,必须选取合适的刀具。每把刀具应安排一个刀号,刀号在程序中指定。刀具功能用字母 T 及其后面的两位数字来表示,即 T00～T99,因此,最多可换 100 把刀,如 T06 表示 6 号刀具。

(4) 刀具补偿功能代码 H 和 D

表示刀具补偿号。它由字母 H(D)及其后面的两位数字表示。该两位数字为存放刀具补偿量的寄存器地址字,如 H18(D18)表示刀具补偿量用 18 号。

2.2.5　机床坐标轴

1. 机床相对运动的规定

在机床上,我们始终认为工件是静止的,而刀具是运动的。这样编程人员在不考虑机床上工件与刀具具体运动的情况下,就可以依据零件图样,确定机床的加工过程。

2. 机床坐标系的规定

在数控机床上,机床的动作是由数控装置来控制的。为了确定数控机床上的成型运动和辅助运动,必须先确定机床上运动的位移和运动的方向,这就需要通过坐标系来实现,这个坐标系被称为机床坐标系。例如:铣床上,有机床的纵向运动、横向运动以及垂向运动,如图 2.6 所示。在数控加工中就应该用机床坐标系来描述。

数控铣床以机床主轴轴线方向为 Z 轴方向,刀具远离工件的方向为 Z 轴正方向。X 轴位于与工件安装面相平行的水平面内,若是卧式铣床,则人面对主轴的侧方向为 X 轴正方向;若是立式铣床,则主轴右侧方向为 X 轴正方向。Y 轴方向可根据 Z、X 轴按右手笛卡儿直角坐标系来确定:

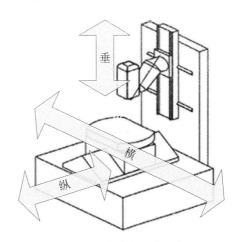

图 2.6　立式铣床运动示意图

① 伸出右手的大拇指、食指和中指,并互为 $90°$。则大拇指代表 X 坐标轴,食指代表 Y 坐标轴,中指代表 Z 坐标轴。

② 大拇指的指向为 X 坐标轴的正方向,食指的指向为 Y 坐标轴的正方向,中指的指向为 Z 坐标轴的正方向。

③ 围绕 X、Y、Z 坐标轴旋转的旋转坐标轴分别用 A、B、C 表示,根据右手螺旋定则,大拇指的指向为 X、Y、Z 坐标轴中任意轴的正向,其余 4 指的旋转方向即为旋转坐标轴 A、B、C 的正向,如图 2.7 所示。

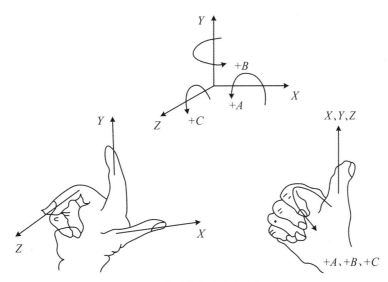

图 2.7　右手笛卡儿直角坐标系

2.2.6　机床原点与参考点

1. 机床原点的设置

机床原点又称机械原点或零点,是机床参考点、工件坐标系的基准点。机械原点是机床上的一个固定点,其位置由机床设计和制造厂商确定,一般不允许用户更改。数控铣床的机床坐标原点一般设在 X、Y、Z 轴的正向最大距离上,如图 2.8 所示。

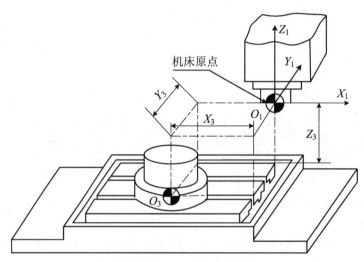

图 2.8　铣床的机床原点

以机床坐标原点为原点的坐标系叫作机床坐标系,机床坐标系是用来确定工件位置和机床运动的基本坐标系。

2. 机床参考点

机床参考点是大多数具有增量位置测量系统的数控机床所必须具备的。它是用于对机床工作台、滑座与刀具相对运动的测量系统进行标定和控制的点。机床参考点一般设置在机床各轴靠近正方向极限的位置,通过行程开关粗定位,由零点脉冲精确定位。

机床参考点相对于机床坐标系是一已知值,换而言之,可以根据这一已知坐标值来确定机械原点的位置。

回参考点的作用:

① 建立机床坐标系。

② 消除由于漂移变形而产生的基准偏差。

回参考点的几种情况:

① 开机。

② 解除机床锁死按钮。

③ 解除急停按钮。

需要强调的是,机床参考点是由机床制造厂商测定后输入数控装置中的,并且记录在机床说明书中,用户不得更改。

2.2.7　设定工件坐标系(G92)

G92 指令可将加工原点设定在相对于刀具起始点的某一空间点上,是规定工件坐标系坐标原点的指令。工件坐标系坐标原点又称为程序零点,坐标值 X、Y、Z 为刀具刀位点在工件坐标系中(相对于程序零点)的初始位置。执行 G92 指令后,也就确定了刀具刀位点的初始位置(也称为程序起点或起刀点)与工件坐标系坐标原点的相对距离,并在 CRT 上显示出刀具刀位点在工件坐标系中的当前位置坐标值(即建立了工件坐标系)。

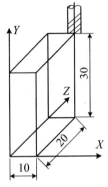

格式:G92 X_Y_Z_;

若程序格式为 G92 X a Y b Z c;,则将加工原点设定到距刀具起始点距离为 $X = -a$, $Y = -b$, $Z = -c$ 的位置上。如 G92 X10.0 Y20.0 Z30.0;,其确立的加工原点在距离刀具起始点 $X =$ -10.0 , $Y = -20.0$, $Z = -30.0$ 的位置上,如图 2.9 所示。

注意:G92 指令执行前的刀具位置,必须放置在程序所要求的位置上,这是因为刀具在不同的位置,所设定出的工件坐标系的坐标原点位置也不同。在编程中可以任意改变坐标系的程序零点,所以在计算较为简便的条件下,对复杂的工件要经常改变坐标系。

图 2.9　G92 设置加工坐标系

2.2.8　绝对值和增量值编程(G90 和 G91)

有两种指令刀具运动的方法:绝对值指令(G90)和增量值指令(G91)。在绝对值指令模态下,我们指定的是运动终点在当前坐标系中的坐标值;而在增量值指令模态下,我们指定的则是各轴运动的距离。G90 和 G91 这对指令被用来选择使用绝对值模态或增量值模态,如图 2.10 所示。

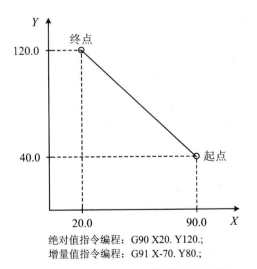

绝对值指令编程: G90 X20. Y120.;
增量值指令编程: G91 X-70. Y80.;

图 2.10　绝对值指令和增量值指令编程

2.2.9 快速定位(G00)

G00 将给定一个位置。

格式:G00 X_Y_Z_;

G00 指令所做的就是使刀具以较快的速度移动到指定的位置,被指令的各轴之间的运动是互不相关的,也就是说刀具移动的轨迹不一定是一条直线。G00 指令下,快速倍率为100%时,X、Y、Z 轴各轴运动的速度均为参数设定值,该速度不受当前 F 值的控制。当各运动轴到达运动终点并发出位置到达信号后,CNC 认为该程序段已经结束并转向执行下一程序段。

位置到达信号:当运动轴到达的位置与指令位置之间的距离小于参数指定的到位宽度时,CNC 认为该轴已到达指令位置并发出一个相应信号,即该轴的位置到达信号。

G00 编程举例:起始点位置为 $X = -50.0$,$Y = -75.0$,指令 G00 X150.0 Y25.0;将使刀具走出图 2.11 所示轨迹。

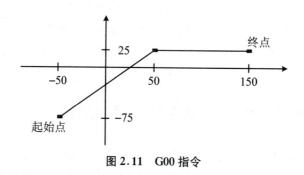

图 2.11　G00 指令

2.2.10 直线插补(G01)

格式:G01 X_Y_Z_F_;

直线插补 G01 指令为刀具相对于工件以 F 指令的进给速度从当前点(始点)向终点进行直线插补。当执行绝对值 G90 指令时,刀具以 F 指令的进给速度进行直线插补,移至工件坐标系中坐标值为 X、Y、Z 的点上;当执行 G91 指令时,刀具则移至与当前点相距为 X、Y、Z 的点上。F 代码是进给速度指令代码,在没有新的 F 指令以前一直有效,不需要在每个程序段中都写入 F 指令。F 指令的进给速度是刀具沿加工轨迹(路径)的运动速度,沿各坐标轴方向的进给速度分量可能不相同,3 个坐标轴方向能否同时运动(联动)取决于机床功能。

假设当前刀具所在点为 $X = -50.0$,$Y = -75.0$,则程序段

　　　N1 G90 G01 X150. Y25. F100;

　　　N2 X50. Y75.;

将使刀具走出如图 2.12 所示轨迹。

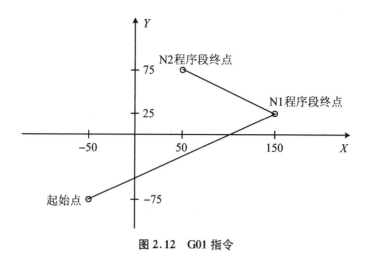

图 2.12　G01 指令

2.3　CDIO　项　目

CDIO 项目的运行过程、结果报告评分表及学生评分表分别如表 2.3～表 2.5 所示。

表 2.3　CDIO 运行过程详表

教学环节		预计时间(min)	任 务 活 动	备注
构思(Conceive)	学生分配	5	自由分组,每组 6 人左右。确定本项目的轮值组长、轮值班长、轮值记录、轮值助理、轮值卫生员	
	布置任务	10	轮值班长发放任务书与学生学习材料;轮值助理与各轮值组长开会讨论	
	小组讨论	30	组内讨论,初步进行组内分工,确定工作计划、初步的工作方案,并制作汇报文件	
	小组报告	45	组内发言人报告,内容至少包括: 1. 组内同学介绍; 2. 组内分工; 3. 初步工作方案; 4. 工作计划(甘特图); 5. 工作重点; 6. 大致分析所用到的知识; 7. 初步分析所用到的工具; 8. 预算所需费用; 9. 面临的困难和解决对策等	

续表

教学环节		预计时间(min)	任 务 活 动	备注
设计(Design)	小组方案设计	45	对报告内容进行全面讨论,确定报告中方案的可行性,并最终确定方案	
实现(Implement)	项目实施	360	每个小组根据确定的方案、小组成员分工、原定的工作方案和工作计划实施项目。 本项目内容包括: 1. 对该夹具进行二次设计; 2. 分析零件1使用实训车间的哪一台机床加工合适,并说明理由; 3. 分析面临的困难,并提出解决办法; 4. 组内学习该项目运行过程中所用到的知识,部分指令可在机床上验证; 5. 组内讨论零件1加工时所用到的刀具及毛坯,并向老师申请,同时计算费用; 6. 结合实训车间现状,组内讨论零件1加工时所使用的装夹方法和夹具; 7. 根据刀具及机床的资料,确定加工进给速度、主轴转速等; 8. 核算加工时间; 9. 制作应急预案; 10. 在机床上加工零件1; 11. 对零件1进行测量,如果尺寸偏差过大,分析原因,改正不合理之处后重新加工; 12. 制作汇报文件	
运作(Operate)	项目运行	90	将加工好的零件1与东莞市成田精密机械有限公司已有的零件2、零件3及气缸装配,由成田精密机械有限公司工人试用,并给出客观评价	
	结题报告与答辩	45	小组发言人作结题报告,报告内容至少包括: 1. 项目实施过程; 2. 总结项目实施的亮点与不足; 3. 小组成员贡献与配合情况; 4. 学到了什么知识; 5. 零件1加工过程中的经验总结; 6. 零件1加工所使用的费用决算; 7. 零件1加工的工艺分析; 8. 零件1加工的时间及效率分析; 9. 工人试用的评价; 10. 确定该夹具是否可以改进,如何改进; 11. 改进后的费用及效率分析; 12. 回答同学的提问	
	评价	10	1. 按照评价方法,由组长给出小组成员的排名。给出的成员排名依据是小组各成员的贡献、与他人的配合情况等,采用民主的方法评判。 2. 合作企业及教师为学生评价	

表 2.4　结题报告评分表

序号	评 价 指 标	差	中	好	很好	优
1	目标明确	1	2	3	4	5
2	重点阐述明确	1	2	3	4	5
3	与听者有很好的交流	1	2	3	4	5
4	能很好地运用声音	1	2	3	4	5
5	演讲者之间转换流畅	1	2	3	4	5
6	着装、手势等	1	2	3	4	5

表 2.5　项目运行学生自评表

评价项目	评 价 内 容	分值	分数
过程考核	作业	10%	
	实操情况	10%	
	学习情况	10%	
CDIO 设计与实现	项目构思(报告＋演讲)	10%	
	项目过程	20%	
	企业工人试用评价	10%	
	项目运作(成品＋报告与答辩＋互评)	30%	
总　　分			

思考与作业

1. 请问如何确定机床的坐标系?
2. 请问参考点的作用是什么?
3. 在什么情况下需要回参考点?
4. G90 与 G91 加工有什么区别?

项目3 沟槽类零件加工

3.1 提 出 问 题

　　某汽车配件制造厂是专业生产汽车配件的企业,为江淮等汽车企业做配套生产。现由于设备改造,需要加工一批零件,初步设计图纸如图3.1所示,材料为45♯钢材。请你帮他们加工出来。

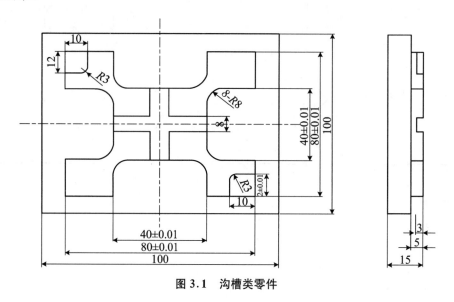

图 3.1　沟槽类零件

3.2 所 需 知 识

3.2.1　数控铣削加工工艺性分析

1. 确定适合在数控铣床上进行加工的内容

(1) 通用机床无法加工的内容
　　① 工件上的曲线轮廓表面,特别是由数学表达式给出的非圆曲线和列表曲线等曲线轮廓。

② 给出数学模型的空间曲面和通过测量数据建立的空间曲面,或通过测量数据建立的空间曲面。

(2) 通用机床难以加工的内容

① 形状复杂、尺寸繁多、画线与检测困难的部位。

② 用通用机床加工时难以观察、测量和控制进给的内外槽。

2. 零件图纸数控加工工艺分析

在数控编程中,所有点、线、面的尺寸和位置都是以编程原点为基准的,因此零件图纸上最好直接给出坐标尺寸,或尽量以同一基准引注尺寸。在程序编制中,编程人员必须充分掌握构成零件轮廓的几何要素参数及各几何要素间的关系。常因零件设计人员在设计过程中考虑不周,出现参数不全或不清楚的情况,如圆弧与直线、圆弧与圆弧是相切、相交还是相离。所以在审查与分析图纸时,一定要仔细核算,发现问题及时与设计人员联系。

3. 零件的结构工艺性分析

零件的结构工艺性是指所设计的零件在能满足使用要求的前提下,将其制造出来的可行性和经济性。下面是对数控加工零件的结构工艺性进行分析时应注意的几个问题:

① 零件的内腔和外形尽可能地采用统一的几何类型和尺寸,这样可以减少刀具的规格和换刀次数,便于编程和提高生产率。

② 内槽圆角的大小决定了刀具直径的大小,因此内槽圆角不应过小,如图 3.2 所示。

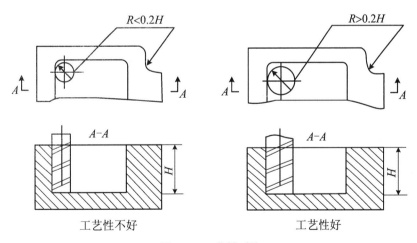

图 3.2　工艺性对比

③ 铣削零件的底平面时,槽底圆角半径 r 不应过大,如图 3.3 所示。圆角半径越大,铣刀端刃铣削平面的能力就越差,效率也越低。

④ 保证基准统一原则。有些零件需要在铣完一面后再重新安装铣削另一面,由于数控铣削不能使用通用铣床加工常用的试切方法来接刀,往往会因为零件的重新安装而接不好刀。这时,最好采用统一基准定位,因此零件上应有合适的孔作为定位基准孔。如果零件上没有基准孔,也可以专门设置工艺孔作为定位基准孔,如在毛坯上增加工艺凸台或在后续工序要铣去的余量上设基准孔。

数控加工工艺的主要内容除了上述两点之外,还包括以下几点:

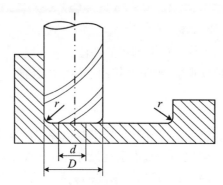

图 3.3　零件底面圆弧对工艺的影响

① 具体设计数控加工工序,如工步的划分、工件的定位与夹具的选择、刀具的选择、切削用量的确定等。

② 处理特殊的工艺问题,如对刀点、换刀点的选择,加工路线的确定,刀具补偿等。

③ 编程误差及其控制。

④ 处理数控机床部分工艺指令,编制工艺文件。

3.2.2　加工工序的划分

一个或一组工人,在同一个工作地点,对一个或同时对一批工件连续完成的加工过程称为一道工序。根据数控加工的特点,数控加工工序的划分一般可按下列方法进行:

1. 以一次安装、加工作为一道工序

这种方法适合于加工内容较少的零件。对于需要多台机床、多工序才能完成的零件,工序划分通常以机床为单位,但对于需要很少机床就能完成全部加工内容的,应避免多次安装,以免影响位置精度。

2. 按粗、精加工方式划分工序

根据零件的加工精度、刚度和变形等因素来划分工序时,可按粗、精加工分开的原则来划分工序,即先粗加工再精加工。

3. 按所用刀具划分工序

为了减少换刀次数,压缩空程时间,减少不必要的定位误差,可按刀具集中工序的方法加工零件,即在一次装夹中,尽可能用同一把刀具加工完成所有可能加工到的部位,然后再换其他刀具加工其他部位。对专用数控机床和加工中心常采用此法。

4. 以加工部位划分工序

对于加工内容很多的工件,可按其结构特点将加工部位分成几个部分,如内腔、外形、曲面或平面,并将每一部分的加工作为一道工序。

3.2.3　加工工序的安排

1. 先加工定位基准面

先加工定位基准面,然后再加工其余表面。前道工序为后道工序提供基准和合适的夹紧表面。对于箱体类零件,先加工定位面和两个定位孔。

2. 先面后孔

由于平面定位比较稳定,同时在加工过的平面上钻孔,精度高且轴线不易偏斜。在加工有面和孔的零件时,为了提高孔的加工精度,应先加工面,后加工孔。

3. 先粗后精

先粗加工后精加工,这样可以使粗加工引起的各种变形得到恢复,也能及时发现毛坯上的各种缺陷,并能充分发挥粗加工的效率。考虑到粗加工零件变形恢复需要一段时间,粗加工后不可立即安排精加工。

4. 先主后次

精度要求较高的主要表面的粗加工一般应安排在次要表面粗加工之前,这样有利于及时发现毛坯的内在缺陷。加工大表面时,内应力和热变形对工件影响较大,一般也需先加工;对于较小的次要表面,一般都把粗、精加工安排在一个工序内完成。次要表面的加工工序一般放在主要表面和最终加工工序之间进行。

5. 先内腔,后外形

对于一般的铣削零件,加工内腔的时候装夹外形,对外形可能会造成一些损伤,所以一般的加工顺序是先内腔后外形。

此外,在安排工序时还应注意:

① 以相同定位、夹紧方式加工或用同一把刀加工的工序,最好连续加工,以减少定位次数、换刀次数与挪动压板次数。

② 上道工序的加工不能影响下道工序的定位与夹紧,中间穿插有普通机床加工、热处理工序也应作综合考虑。

3.2.4　工件装夹方式的确定

在数控机床上加工零件时,定位安装的基本原则与普通机床的相同,也要合理选择定位基准和夹紧方案。为提高数控机床的效率,在确定定位基准与夹紧方案时应注意以下 4 点:

① 尽可能做到设计基准、工艺基准与编程计算基准统一。

② 尽量将工序集中,减少装夹次数,尽可能在一次装夹后能加工出全部待加工表面。

③ 避免采用占机人工调整时间长的装夹方案。

④ 夹紧力的作用点应落在工件刚性较好的部位。

如图 3.4(a)所示,在夹紧薄壁箱体时,夹紧力不应作用在箱体的顶面,而应作用在刚性较好的凸边上;或改在顶面上 3 点夹紧,改变着力点位置,以减小夹紧变形,如图 3.4(b)所示。

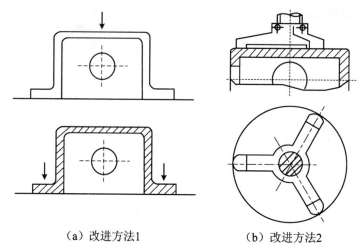

（a）改进方法1　　　　　　　　　（b）改进方法2

图 3.4　夹紧力的作用点落在工件刚性较好的部位

3.2.5　加工刀具的选择

与普通机床相比,数控加工对刀具提出了更高的要求。数控机床要求刀具强度、刚度好,耐用度高、尺寸稳定、排屑性能好、安装调整方便等。同时还应考虑工件材料的性质、机床的加工能力、加工工序、切削用量及其他有关因素等。在内轮廓加工中,注意刀具半径要小于轮廓曲线的最小曲率半径。在自动换刀机床中,要预先测出刀具的结构尺寸和调整尺寸,以便在加工时进行刀具补偿。

刀具选择总的原则是:安装调整方便、刚性好、耐用度和精度高。在满足加工要求的前提下,尽量选择较大的刀柄,以提高刀具加工的刚性。

选取铣削加工刀具时,要使刀具的尺寸与被加工工件的表面尺寸和形状相适应。在生产中加工平面零件周边轮廓时,常采用立铣刀;铣削平面时,应选硬质合金刀片铣刀;加工凸台、凹槽时,选高速钢立铣刀;加工毛坯表面或粗加工孔时,可选镶硬质合金的立铣刀或玉米铣刀;对一些立体形面和变斜角轮廓外形的加工,常采用球头铣刀、环形铣刀、鼓形刀、锥形刀和盘形刀。曲面加工时常采用球头铣刀;但在加工曲面较平坦部位时,刀具以球头顶端刃切削,切削条件较差,因而应采用环形刀。

1. 铣刀类型

常用的铣刀类型如图 3.5 所示。

(1) 面铣刀

面铣刀的圆周表面和端面上都有切削刃,端部切削刃为副切削刃。硬质合金面铣刀与高速钢铣刀相比,铣削速度较高、加工效率高、加工表面质量也较好,并可加工带有硬皮和淬硬层的工件,故得到广泛应用,如图 3.6 所示。

图 3.5 常用的铣刀类型

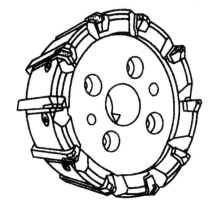

图 3.6 面铣刀

（2）立铣刀

立铣刀也可称为圆柱铣刀，广泛用于加工平面类零件。立铣刀圆柱表面和端面上都有切削刃，它们可同时进行切削，也可单独进行切削。立铣刀圆柱表面的切削刃为主切削刃，端面上的切削刃为副切削刃，如图 3.7 所示。

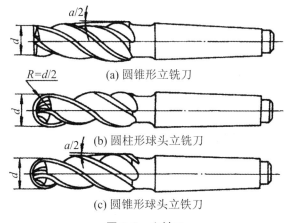

(a) 圆锥形立铣刀

(b) 圆柱形球头立铣刀

(c) 圆锥形球头立铣刀

图 3.7 立铣刀

（3）模具铣刀

模具铣刀由立铣刀发展而成，它是加工金属模具型面的铣刀的通称。可分为圆锥形立铣刀（圆锥半角 = 3°、5°、7°、10°）、圆柱形球头立铣刀和圆锥形球头立铣刀 3 种，其柄部有直柄、削平型直柄和莫氏锥柄。它的结构特点是球头或端面上布满了切削刃，圆周刃与球头刃圆弧连接，可以作径向和轴向进给，如图 3.8 所示。

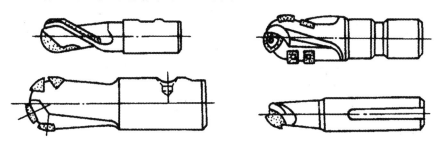

图 3.8 模具铣刀

(4) 键槽铣刀

它有两个刀齿,圆柱面和端面都有切削刃,端面刃延至中心,既像立铣刀,又像钻头。用键槽铣刀铣削键槽时,先轴向进给达到槽深,然后沿键槽方向铣出键槽全长。由于切削力可引起刀具和工件的变形,一次走刀铣出的键槽形状误差较大,槽底一般不是直角。为此,通常采用两步法铣削键槽,即先用小号铣刀粗加工出键槽,然后以逆铣方式精加工四周,可得到真正的直角。

(5) 球头铣刀

适用于加工空间曲面零件,有时也用于平面类零件较大的转接凹圆弧的补加工,如图3.9所示。

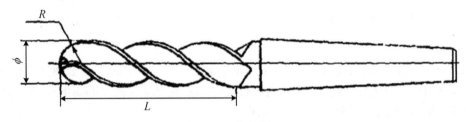

图 3.9　球头铣刀

(6) 鼓形铣刀

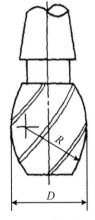

图 3.10　鼓形铣刀

图3.10所示的是一种典型的鼓形铣刀,它的切削刃分布在半径为 R 的圆弧面上,端面无切削刃。加工时控制刀具上下位置,相应改变刀刃的切削部位,可以在工件上切出从负到正的不同斜角。R 越小,鼓形刀所能加工的斜角范围越广,但所获得的表面质量也越差。这种刀具的缺点是刃磨困难,切削条件差,而且不适于加工有底的轮廓表面,主要用于对变斜角面的近似加工。

(7) 成型铣刀

成形铣刀一般都是为特定的工件或加工内容专门设计制造的,适用于加工平面类零件的特定形状(如角度面、凹槽面等),也适用于特形孔或台,图3.11所示的是几种常用的成形铣刀。

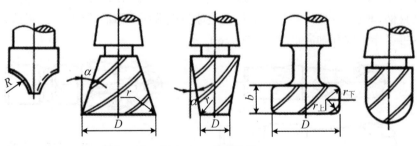

图 3.11　成形铣刀

(8) 锯片铣刀

锯片铣刀可分为中小型规格的锯片铣刀和大规格锯片铣刀(GB6160 — 85),数控铣和加工中心主要用中小型规格的锯片铣刀,如图 3.12 所示。

在加工中心上,各种刀具分别装在刀库中,按程序规定随时进行选刀和换刀动作。因此必须采用标准刀柄,以便使钻、扩、镗、铣削工序用的标准刀具,迅速、准确地装到机床主轴或刀库中去。

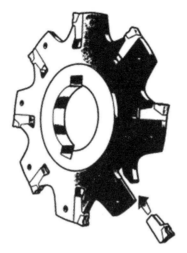

图 3.12　锯片铣刀

2. 选刀原则

刀具选择的总的原则是:安装调整方便,刚性好,耐用度和精度高。在满足加工要求的前提下,尽量选择较大的刀柄,以提高刀具加工的刚性。

① 选取刀具时,要使刀具的尺寸与被加工工件的表面尺寸和形状相适应。

② 加工较大的平面应选择面铣刀。

③ 加工平面零件周边轮廓、凹槽、较小的台阶面应选择立铣刀。

④ 加工空间曲面、模具型腔或凸模成形表面等多选用模具铣刀,加工封闭的键槽选用键槽铣刀。

⑤ 加工变斜角零件的变斜角面应选用鼓形铣刀。

⑥ 加工立体型面和变斜角轮廓外形常采用球头铣刀、鼓形刀。

⑦ 加工各种直的或圆弧形的凹槽、斜角面、特殊孔等应选用成形铣刀。

另外,必须引起注意的是,刀具的耐用度和精度与刀具价格关系极大,在大多数情况下,选择好的刀具虽然增加了刀具成本,但由此带来的加工质量和加工效率的提高,则可以使整个加工成本大大降低。

3.2.6　平面选择指令(G17、G18、G19)

平面选择 G17、G18、G19 指令分别用来指定程序段中刀具的圆弧插补平面和刀具半径补偿平面。如图 3.13 所示:G17 选择 *XY* 平面,G18 选择 *ZX* 平面,G19 选择 *YZ* 平面。

图 3.13　G02/G03 方向示意图

3.2.7　圆弧插补(G02、G03)

下面所列的指令可以使刀具沿圆弧轨迹运动：

① 在 XY 平面：

$$G17 \quad \begin{matrix} G02 \\ \\ G03 \end{matrix} \quad X\_Y\_ \quad \begin{matrix} R\_ \\ \\ I\_J\_ \end{matrix} \quad F\_;$$

② 在 XZ 平面：

$$G18 \quad \begin{matrix} G02 \\ \\ G03 \end{matrix} \quad Z\_X\_ \quad \begin{matrix} R\_ \\ \\ K\_L\_ \end{matrix} \quad F\_;$$

③ 在 YZ 平面：

$$G19 \quad \begin{matrix} G02 \\ \\ G03 \end{matrix} \quad Y\_Z\_ \quad \begin{matrix} R\_ \\ \\ J\_K\_ \end{matrix} \quad F\_;$$

具体含义如表3.1所示。

表 3.1　G02、G03 指令含义

序号	数据内容		指　令	含　义
1	平面选择		G17	指定 XY 平面上的圆弧插补
			G18	指定 XZ 平面上的圆弧插补
			G19	指定 YZ 平面上的圆弧插补
2	圆弧方向		G02	顺时针方向的圆弧插补
			G03	逆时针方向的圆弧插补
3	终点位置	G90 模态	X、Y、Z 中的两轴指令	当前工件坐标系中终点位置的坐标值
		G91 模态	X、Y、Z 中的两轴指令	从起点到终点的距离(有方向的)

序号	数据内容	指　令	含　义
4	起点到圆心的距离	I、J、K 中的两轴指令	从起点到圆心的距离(有方向的)
	圆弧半径	R	圆弧半径
5	进给率	F	沿圆弧运动的速度

在这里,我们所讲的圆弧的方向,对于 XY 平面来说,是由 Z 轴的正向往 Z 轴的负向看 XY 平面所看到的圆弧方向。同样,对于 XZ 平面或 YZ 平面来说,观测的方向则应该是从 Y 轴或 X 轴的正向向 Y 轴或 X 轴的负向看,如图 3.13 所示。

圆弧的终点由地址 X、Y 和 Z 来确定。在 G90 模态,即绝对值模态下,地址 X、Y、Z 给出了圆弧终点在当前坐标系中的坐标值;在 G91 模态,即增量值模态下,地址 X、Y、Z 给出的则是在各坐标轴方向上当前刀具所在点到终点的距离。

在 X 方向,地址 I 给定了当前刀具所在点到圆心的距离;在 Y 和 Z 方向,当前刀具所在点到圆心的距离分别由地址 J 和 K 来给定。其中,I、J、K 的值的符号由它们的方向来确定。

对一段圆弧进行编程,除了用给定终点位置和圆心位置的方法外,我们还可以用给定半径和终点位置的方法对一段圆弧进行编程,用地址 R 来给定半径值,替代给定圆心位置的地址。R 的值有正负之分,一个正的 R 值用来编程一段小于 180°的圆弧,一个负的 R 值编程的则是一段大于 180°的圆弧。编程一个整圆只能使用给定圆心的方法,如图 3.14 所示。

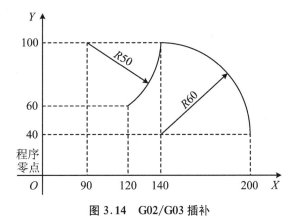

图 3.14   G02/G03 插补

① 采用绝对值指令 G90 时:

　　G92 X0 Y0 70.0;

　　G90 G00 X200.0 Y40.0;

　　G03 X140.0 Y100.0 I−60.0(或 R60.0) F300;

　　G02 X120.0 Y60.0 I−50.0(或 R50.0);

② 采用增量值指令 G91 时:

　　G92 X0 Y0 70.0;

　　G91 G00 X200.0 Y40.0;

　　G03 X−60.0 Y60.0 I−60.0(或 R60.0) F300;

　　G02 X−20.0 Y−40.0 I−50.0(或 R50.0);

3.2.8　暂停(G04)

作用:在两个程序段之间产生一段时间的暂停。

格式:G04 P-,或 G04 X-;

暂停 G04 指令刀具暂时停止进给,直到经过指令的暂停时间,再继续执行下一程序段。地址 P 或 X 指令暂停的时间:其中地址 X 后可以是带小数点的数,单位为 s,如暂停 1 s 可写为 G04 X1.0;地址 P 不允许用小数点输入,只能用整数,单位为 ms,如暂停 1 s 可写为 G04 P1000。此功能常用于切槽或钻到孔底,以保证槽底或孔底光洁。

3.2.9　精确停止(G09)及精确停止方式(G61)

如果在一个切削进给的程序段中有 G09 指令给出,则刀具接近指令位置时会减速,当数控系统检测到位置到达信号后才会继续执行下一程序段。这样,在两个程序段之间的衔接处刀具将走出一个非常尖锐的角,所以需要加工非常尖锐的角时可以使用这条指令。使用 G61 可以实现同样的功能,G61 与 G09 的区别是:G09 是一条非模态的指令,而 G61 是模态的指令,即 G09 只能在它所在的程序段中起作用,不影响模态的变化,而 G61 可以在它以后的程序段中一直起作用,直到程序中出现 G64 或 G63 为止。

3.2.10　米制输入指令(G21)和英制输入指令(G20)

G21、G20 分别指令程序中输入数据为米制或英制。G21、G20 是两个互相取代的 G 代码,一般机床出厂时,将公制输入 G21 设定为参数缺省状态。用米制输入程序时,可不再指定 G21;但用英制输入程序时,在程序开始设定工件坐标系之前,必须指定 G20。在一个程序中也可以将米制、英制输入混合使用,在 G20 以下 G21 未出现前的各程序段为英制输入;在 G21 以下 G20 未出现前的各程序段为米制输入。例如:

```
N10     G20
N20
…       英制输入
N50     G21
N60
…       米制输入
N90     G20
N100
…       英制输入
```

另外,G21、G20 断电前后的状态一致。

3.3 CDIO 项 目

CDIO项目的运行过程、结题报答评分表及学生自评表分别如表3.2～表3.4所示。

表 3.2 CDIO 运行过程详表

教学环节		预计时间(min)	任 务 活 动	备注
构思(Conceive)	学生分配	5	自由分组,每组6人左右。确定本项目的轮值组长、轮值班长、轮值记录、轮值助理、轮值卫生员	
	布置任务	10	轮值班长发放任务书和学生学习材料;轮值助理与各轮值组长开会讨论	
	小组讨论	30	组内讨论,初步进行组内分工,确定工作计划、初步的工作方案,并制作汇报文件	
	小组报告	45	组内发言人报告,内容至少包括: 1. 组内同学介绍; 2. 组内分工; 3. 初步工作方案; 4. 工作计划(甘特图); 5. 工作重点; 6. 大致分析所用到的知识; 7. 初步分析所用到的工具; 8. 预算所需费用; 9. 面临的困难和解决对策等	
设计(Design)	小组方案设计	45	对报告内容进行全面讨论,确定报告中方案的可行性,并最终确定方案	
实现(Implement)	项目实施	360	每个小组根据确定的方案、小组成员分工、原定的工作方案和工作计划实施项目。 本项目内容包括: 1. 对该零件进行二次设计; 2. 分析该零件使用实训车间的哪一台机床加工合适,并说明理由; 3. 分析面临的困难,并提出解决办法; 4. 组内学习该项目运行过程中所用到的知识,部分指令可在机床上验证; 5. 组内讨论该零件加工时所用到的刀具及毛坯,并向老师申请,同时计算费用; 6. 结合实训车间现状,组内讨论该零件加工所使用的装夹方法和夹具;	

教学环节		预计时间(min)	任 务 活 动	备注
实现 (Implement)	项目实施	360	7. 根据刀具及机床的资料,确定加工进给速度、主轴转速等; 8. 确定加工工序,考虑到批量生产,组间同学可以联合组成生产线; 9. 核算加工时间; 10. 制作应急预案; 11. 在机床上加工该零件; 12. 对该零件进行测量,如果尺寸偏差过大,分析原因,改正不合理之处后重新加工; 13. 制作汇报文件	
运作 (Operate)	项目运行	90	将加工好的零件交予该汽车配件厂,由汽车配件厂按照使用要求检测,由该零件的使用人试用该零件,并给出中肯的意见	
	结题报告 与答辩	45	小组发言人作结题报告,报告内容至少包括: 1. 项目实施过程; 2. 总结项目实施的亮点与不足; 3. 小组成员贡献与配合情况; 4. 学到了什么知识; 5. 该零件加工过程中的经验总结; 6. 该零件加工所使用的费用决算; 7. 该零件加工的工艺分析; 8. 该零件加工的时间及效率分析; 9. 工人试用的评价; 10. 若组间组成了生产线,详述生产线的分工及未组成生产线的效率比较; 11. 改进后的费用及效率分析; 12. 回答同学的提问	
	评价	10	1. 按照评价方法,由组长给出小组成员的排名。给出的成员排名依据是小组各成员的贡献、与他人配合情况等,采用民主的方法评判。 2. 合作企业及教师为学生评价	

表 3.3　结题报告评分表

序号	评 价 指 标	差	中	好	很好	优
1	目标明确	1	2	3	4	5
2	重点阐述明确	1	2	3	4	5
3	与听者有很好的交流	1	2	3	4	5
4	能很好地运用声音	1	2	3	4	5
5	演讲者之间转换流畅	1	2	3	4	5
6	着装、手势等	1	2	3	4	5

表 3.4　项目运行学生自评表

评价项目	评 价 内 容	分值	分数
过程考核	作业	10%	
	实操情况	10%	
	学习情况	10%	
CDIO 设计与实现	项目构思(报告＋演讲)	10%	
	项目过程	20%	
	企业工人试用评价	10%	
	项目运作(成品＋报告与答辩＋互评)	30%	
总　　分			

思考与作业

1. 选刀三要素有哪些?
2. 如何判断顺/逆时针圆弧插补?

项目4　内外轮廓类零件加工

4.1　提　出　问　题

　　某机床生产公司是一家专门生产数控机床的厂家,产品涵盖数控车床、数控钻床、数控铣床、快速换刀加工中心等。企业自成立以来,以创新研发为中心,每年都推出适合市场需求的新产品。在本次创新改进中,设计师设计了某个轴的端盖,如图4.1所示,材料为铝材。请你安排批量生产。

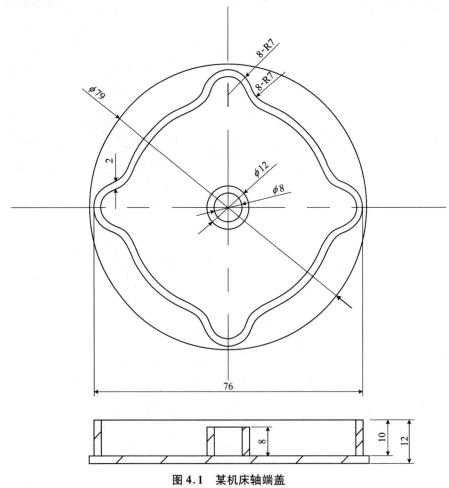

图4.1　某机床轴端盖

4.2　所　需　知　识

4.2.1　加工路线的确定

加工路线是指刀具刀位点相对于工件运动的轨迹和方向。其主要确定原则如下:

① 加工方式、路线应保证被加工零件的精度和表面粗糙度,如铣削轮廓时,应尽量采用顺铣方式,以减少机床的"颤动",提高加工质量。如图 4.2 所示,在铣削封闭的凹轮廓时,刀具的切入、切出最好选在两面的交界处,否则会产生刀痕。为保证表面质量,最好选择图中(b)和(c)所示的走刀路线。

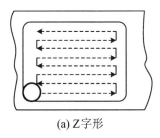 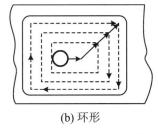 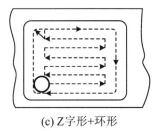

(a) Z字形　　　　　　　　　(b) 环形　　　　　　　　(c) Z字形+环形

图 4.2　封闭凹轮廓走刀路线

Ⅰ 顺铣和逆铣的定义:

A. 顺铣:铣刀旋转方向与工作台进给方向相同,吃刀量从最大值到零。

B. 逆铣:铣刀旋转方向与工作台进给方向相反,吃刀量从零到最大值。

Ⅱ 顺铣和逆铣的比较:

A. 逆铣时,刀具在工件上滑动一小段距离才切入工件,切屑由薄而厚,刀刃容易磨损;顺铣时,刀刃一开始就切入工件,切屑由厚变薄,故刀刃比逆铣磨损小,铣刀耐用度高。

B. 逆铣时,铣刀往往会产生周期性的振动,影响加工表面的光洁度;顺铣时铣刀不会产生上下跳动,振动小,加工表面的表面粗糙度值小。

C. 逆铣时,铣削力会有一个分力方向朝上,这个力有把工件从夹具中拉出的倾向;顺铣时,这个力的方向朝下,有压住工件的作用,因而工件装夹比较牢靠。

D. 逆铣时,切削面上有前一刀齿加工时造成的硬化层,因而不容易切削;顺铣时,切削面上没有硬化层,所以容易切削。

E. 顺铣时,刀齿作用在工作台上的力与工作台前进的方向一致,使工作台窜动,窜动距离等于反向间隙。逆铣时方向一致,不存在此问题。

F. 逆铣时送给动力大(约占全动力的 20%),顺铣时送给动力小(约占全动力的 6%),因此加工时多选用顺铣,因为数控铣床本身能消除反向间隙。但在加工黑色金属锻件或铸件、表皮硬且余量较大时,采用逆铣较为合理。

Ⅲ 切入角介绍:

A. 正切入角:刀具刚刚切入工件时,刀片相对于工件材料冲击速度大,引起的碰撞力也较大。所以正切入角容易使刀具破损或产生缺口。

B. 负切入角:已切入工件材料镶刀片承受最人切削力,而刚切入工件的刀片受力较小,引起的碰撞力和振动也较小,从而延长刀具寿命。

② 尽量减少进、退刀时间和其他辅助时间,尽量使加工路线最短。

③ 进、退刀位置应选在不大重要的位置,并且使刀具沿切线方向进、退刀,避免采用法向进、退刀和进给中途停顿而产生刀痕。

铣削平面零件时,一般采用立铣刀侧刃进行切削。为减少接刀痕迹,保证零件表面质量,应对刀具的切入和切出程序精心设计。如图 4.3(a)所示,铣削外表面轮廓时,铣刀的切入、切出点应沿零件轮廓曲线的延长线切向切入和切出零件表面,而不应沿法线方向直接切入零件,引入点选在尖点处较妥。如图 4.3(b)所示,铣削内轮廓表面时,切入和切出无法外延,这时铣刀可沿法线方向切入和切出,或将引入、引出弧改向,并将其切入、切出点选在零件轮廓两几何元素的交点处。但是,在沿法线方向切入、切出时,还应避免产生过切的可能性。

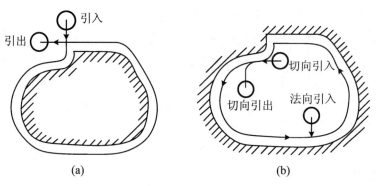

图 4.3　刀具切入切出

4.2.2　对刀点与换刀点的确定

在进行数控加工编程时,往往是将整个刀具浓缩视为一个点,即"刀位点"。它是在刀具上用于表现刀具位置的参照点。一般来说,立铣刀、端铣刀的刀位点是刀具轴线与刀具底面的交点;球头铣刀的刀位点为球心;镗刀、车刀的刀位点为刀尖或刀尖圆弧中心;钻头是钻尖或钻头底面中心;线切割的刀位点则是线电极的轴心与零件面的交点。

对刀操作就是要测定出在程序起点处刀具刀位点(即对刀点,也称起刀点)相对于机床原点以及工件原点的坐标位置。对刀点可以设在工件、夹具或机床上,但必须与工件的定位基准(相当于工件坐标系)有已知的准确关系,这样才能确定工件坐标系与机床坐标系的关系,如图 4.4 所示。

选择对刀点的原则是:

① 应使程序编制简单。

② 对刀点在机床上容易找正。

③ 加工过程中检查方便。

④ 引起的加工误差小。

⑤ 对刀点应尽量选在零件的设计基准或工艺基准上。例如:以孔定位的零件,以孔的中心作为对刀点较为合适。

⑥ 应便于坐标值的计算。对于采用增量坐标系统的数控机床,对刀点可以选在零件中心孔上或两垂直平面的交线上;对于采用绝对坐标系统的数控机床,对刀点可以选在机床坐标系的原点上,或距机床原点的距离为某一确定值的点上。零件安装时,零件坐标系与机床坐标系应有确定的关系。

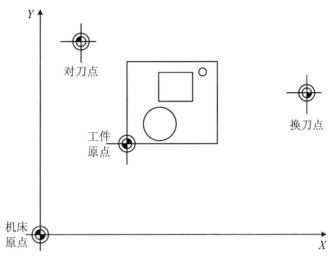

图 4.4　对刀点和换刀点

⑦ 尽量使加工程序中进刀或退刀的路线短,并便于换刀。

对刀点不仅是程序的起点,往往也是程序的终点。通常,在采用绝对坐标系统的数控机床上,可以对刀点距机床原点的坐标值来校正对刀精度;在采用相对坐标系统的数控机床上,则需要人工检查对刀精度。

换刀点则是指加工过程中需要换刀时刀具的相对位置点。换刀点往往设在工件的外部,以能顺利换刀、不碰撞工件和其他部件为准,如在铣床上,常以机床参考点为换刀点;在加工中心上,以换刀机械手的固定位置点为换刀点。

4.2.3　切削用量的确定

切削用量包括主轴转速(切削速度)、背吃刀量和进给量(或进给速度)。切削用量的合理选择将直接影响加工精度、表面质量、生产率和经济性,其确定原则与普通加工相似。

合理确定切削用量的原则是:粗加工时,以提高生产率为主,但也须考虑经济性和加工成本;半精加工和精加工时,应在保证加工质量的前提下,兼顾切削效率、经济性和加工成本。目前生产中切削用量根据不同生产条件下所选用的刀片或刀具所推荐的具体切削用量值并结合实践来确定。这样选择切削用量才能发挥刀具的最佳性能,零件的质量好,刀具耐用度最佳,也节省刀具费用。

1. 背吃刀量和侧吃刀量的确定

从刀具耐用度出发,切削用量的选择方法是:先选取背吃刀量或侧吃刀量,其次确定进给速度,最后确定切削速度。由于吃刀量对刀具耐用度影响最小,背吃刀量 a_p 和侧吃刀量 a_e 的确定主要根据机床、夹具、刀具、工件的刚度以及被加工零件的精度要求来决定。如果零件精度要求不高,在工艺系统刚度允许的情况下,最好一次切净加工余量,即 a_p 或 a_e 等于加工余量,以提高加工效率;如果零件精度要求高,为保证表面粗糙度和精度,只好采用多次走刀,在数控机床上,精加工余量可小于普通机床,一般取 0.2~0.5 mm。

2. 主轴转速的确定

主轴转速 $n(r/min)$ 主要根据允许的切削速度 $v_c(m/min)$ 选取,即

$$n = \frac{1000 v_c}{\pi D}$$

式中:v_c——切削速度,由刀具耐用度决定;

D——工件或刀具直径(mm)。

根据切削原理可知,切削速度的高低主要取决于被加工零件的精度、材料、刀具的材料和刀具的耐用度等因素。通常以经济切削速度(经济切削速度是指刀具耐用度确定为 60~100 min 的切削速度)切削工件。

切削速度可根据刀具产品目录或切削手册,并结合实际经验加以修正确定。需要注意的是,一般刀具目录中提供的切削速度推荐值是按刀具耐用度为 30 min 给出的,假如加工中要使刀具耐用度延长到 60 min,则切削速度应取推荐值的 70%~80%;反之,如果采用高速切削,耐用度选 15 min,则切削速度可取推荐值的 1.2~1.3 倍。

刀具耐用度的提高使允许使用的切削速度降低。但是加大铣刀直径 d 则可以改善散热条件,因而可以提高切削速度。

在选择切削速度时,还应考虑以下几点:

① 应尽量避开积屑瘤产生的区域。

② 断续切削时,为减小冲击和热应力,要适当降低切削速度。

③ 在易发生振动的情况下,切削速度应避开自激振动的临界速度。

④ 加工大件、细长件和薄壁工件时,应选用较低的切削速度。

⑤ 加工带外皮的工件时,应适当降低切削速度。

3. 进给量(进给速度)的确定

进给量(mm/min 或 mm/r)是数控机床切削用量中的重要参数,主要根据零件的加工精度和表面粗糙度要求以及刀具、工件材料性质选择。最大进给量则受机床刚度和进给系统的性能限制,并与脉冲当量有关。

当加工精度、表面粗糙度要求高时,进给速度(进给量)应选小些。工件材料较软时,可选用较大的进给量;反之,应选较小的进给量。

4.2.4 参考点相关指令(G27、G28、G29、G30)

1. 返回参考点校验指令(G27)

格式:G27 X_Y_Z_;

根据 G27 指令,刀具以参数所设定的速度快速进给,并在指令规定的位置[坐标值为 (X,Y,Z)]上定位。若所到达的位置是机床零点,则返回参考点的各轴指示灯亮。如果指

示灯不亮,则说明程序中所给的指令错误或机床定位误差过大。

注意:执行 G27 指令的前提是机床在通电后必须返回过一次参考点(手动返回或 G28 指令返回)。使用 G27 指令时,必须先取消刀具长度和半径补偿,否则会发生不正确的动作。由于返回参考点不是每个加工周期都需要执行的,所以可作为选择程序段。G27 程序段执行后,若不希望继续执行下一程序段(使机械系统停止),则必须在该程序段后增加 M00 或 M01,在单个程序段中运行 M00 或 M01。

2. 自动返回参考点指令(G28)

格式:G28 X_Y_Z_;

执行 G28 指令,使各轴快速移动,分别经过指定的中间点[坐标为(X、Y、Z)]返回到参考点定位。

在使用 G28 指令,必须先取消刀具半径补偿,而不必先取消刀具长度补偿,因为 G28 指令包含刀具长度补偿取消、主轴停止、切削液关闭等功能。故 G28 指令一般用于自动换刀前主轴到达特定位置。

3. 从参考点返回指令(G29)

格式:G29 X_Y_Z_;

执行 G29 指令时,首先使被指令的各轴快速移动到前面 G28 所指令的中间点,然后再移到被指令的位置[坐标为(X、Y、Z)的返回点]上定位。如 G29 指令的前面未指令中间点,则执行 G29 指令时,被指令的各轴经程序零点,再移到 G29 指令的返回点上定位。

(1) 绝对值指令 G90 时

G90 G28 X130.0 Y70.0;　　　当前点 $A-B-R$
M06;　　　　　　　　　　　　换刀
G29 X180.0 Y30.0;　　　　　　参考点 $R-B-C$

(2) 增量值指令 G91 时

G91 G28 X100.0 Y20.00;
M06;
G29 X50.0 Y-40.0;

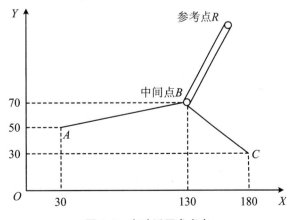

图 4.5　自动返回参考点

若程序中无 G28 指令,则程序段为

G90 G29 X180.0 Y130.0;

进给路线为:$A-O-C$。

通常 G28 和 G29 指令应配合使用,使机床换刀后直接返回加工点 C,而不必计算中间点 B 与参考点 R 之间的实际距离。

4. 第二参考点返回指令(G30)

格式:G30 X_Y_Z_;

G30 为第二参考点返回。该功能与 G28 指令相似,不同之处在于刀具自动返回第二参考点,而第二参考点的位置是由参数来设定的,G30 指令必须在执行返回第一参考点后才有效,如 G30 指令后面直接跟 G29 指令,则刀具将经由 G30 指定的中间点[坐标为(X,Y,Z)]移到 G29 指令的返回点定位,类似于 G28 后跟 G29 指令。通常 G30 指令用于自动换刀位置与参考点不同的场合,而且在使用 G30 前,同 G28 一样应先取消刀具补偿。

4.2.5 刀具半径补偿功能

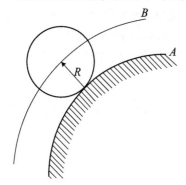

图 4.6 刀具半径补偿

当加工曲线轮廓时,对于有刀具半径补偿功能的数控系统,可不必求刀具中心的运动轨迹,只按被加工工件的轮廓曲线编程,同时在程序中给出刀具半径的补偿指令,就可加工出具有轮廓曲线的零件,使编程工作大大简化。例如:如图 4.6 所示的轮廓曲线 A,铣刀中心应沿着曲线 B 进给,即刀具中心要偏离零件轮廓(编程轨迹)一定的距离,这种偏离称为偏移。图中的箭头表示偏移矢量,其值为刀具半径,方向为零件轮廓曲线(编程轨迹)上该点的法线方向,并指向刀具中心,矢量的方向是随着零件轮廓曲线(编程轨迹)的变化而变化的。

下面讨论在 G17 情况时刀具半径的补偿问题。

1. 刀具半径左补偿指令(G41)和刀具半径右补偿指令(G42)

格式:G00 G41 X_Y_H_(或 D)_;

G00 G42 X_Y_H_(或 D)_;

格式中的 X 和 Y 表示刀具移至终点时,轮廓曲线(编程轨迹)上点的坐标值;H 或(D)为刀具半径补偿寄存器地址字,在寄存器中存有刀具半径补偿值。

不论是刀具长度补偿值,还是刀具半径补偿值,都由操作者在 CRT/MDI 面板上用"MENU OFF SET"功能键置入刀具补偿寄存器。对于刀具补偿寄存器 H01~H99(或 D01~D99),菜单中都有相应的偏置号(OFFSET NO.)与之对应,如偏置号 005 对应于 H05 寄存器。设置刀具补偿量时,操作者只需用面板上的光标键(CURSOR)将光标移至所选的偏置号上,键入刀具补偿值,将其输入到偏置号后面的偏移量(OFFSET DATA)位置上即可。

为了保证刀具从无半径补偿运动到目标刀具半径补偿始点,必须用一直线程序段 G00

或 G01 指令来建立刀具半径补偿。

直线情况下(图 4.7),刀具欲从始点 A 移至终点 B。当执行有刀具半径补偿指令的程序后,将在终点 B 处形成一个与直线 AB 相垂直的新矢量 $\overline{BC}$,刀具中心由 A 点移至 G 点。沿着刀具前进方向观察,在 G41 指令时,形成的新矢量在直线左边,刀具中心偏向编程轨迹左边;而在 G42 指令时,刀具中心偏向右边。

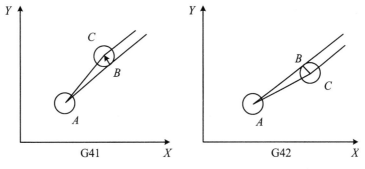

图 4.7　刀具半径补偿(直线情况)

圆弧情况下(图 4.8),B 点的偏移矢量垂直于直线 AB,圆弧上 C 点的偏移矢量与圆弧过 C 点的切线相垂直。圆弧上每一点的偏移矢量方向总是变化的。由于直线 AB 和圆弧相切,所以在切点,直线和圆弧的偏移矢量重合,方向一致,刀具中心都在 C 点。若直线和圆弧不相切,则这两个矢量方向不一致,此时要进行拐角偏移圆弧插补。

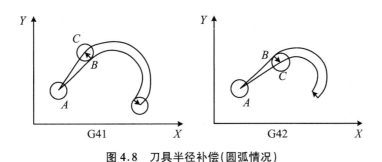

图 4.8　刀具半径补偿(圆弧情况)

如图 4.7 和图 4.8 所示,刀具中心由 A 点移动到 C 点后,G41 或 G42 指令在 G01、G02 或 G03 指令的配合下,刀具中心运动轨迹始终偏离编程轨迹一个刀具半径的距离,直到取消刀具半径补偿为止。

2. 取消刀具半径补偿指令(G40)

格式:G40 G00(或 G01) X_Y_;

最后一段刀具半径补偿轨迹加工完成后,与建立刀具半径补偿类似,也应有一直线程序段 G00 或 G01 指令来取消补偿,以保证刀具从刀具半径补偿终点(刀补终点)运动到取消刀具半径补偿点(取消刀补点)。

指令中有 X、Y 时,X 和 Y 表示轨迹上取消刀补点的坐标值。如图 4.9 所示,刀具欲从刀补终点 A 移至取消刀补点 B,当执行取消刀具半径补偿 G40 指令的程序段时,刀具中心将由 C 点移至 B 点。

指令中无 X、Y 时,则刀具中心 C 点将沿旧矢量的相反方向运动到 A 点(图 4.10)。

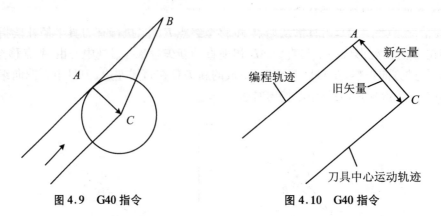

图 4.9　G40 指令　　　　　　　图 4.10　G40 指令

如图 4.11 所示 AB 轮廓曲线,若直径为 20 mm 的铣刀从 O 点开始移动,加工程序为

　　N10 G90 G17 G41 G00 X18.0 Y24.0 M03 H06;

　　N20 G02 X74.0 Y32.0 R40.0 F180;

　　N30 G40 G00 X84.0 Y0;

　　N40 G00 X0 M02;

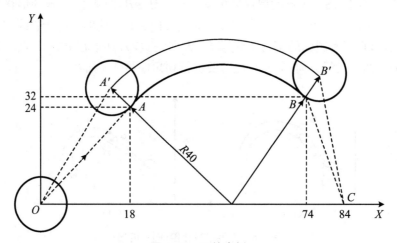

图 4.11　刀补案例

取消刀具半径补偿除用 G40 指令外,还可以用

　　G00(或 G01) X_Y_H00(或 D00);

如上例中 N30 程序段可变为

　　G00 X84.0 Y0 H00;

3. 偏移状态的转换

刀具偏移状态从 G41 转换为 G42 或从 G42 转换为 G41,通常都需要经过偏移取消状态,即 G40 程序段。但是在点定位 G00 或直线插补 G01 状态时,可以直接转换,此时刀具中心轨迹如图 4.12 所示。

4. 刀具偏移量的改变

改变刀具偏移量通常要在偏移取消状态下换刀时进行。但在点定位 G00 或直线插补

G01 状态下也可以直接进行,如图 4.13 所示。

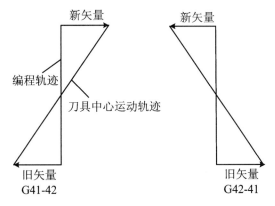

图 4.12　G41 和 G42 变换

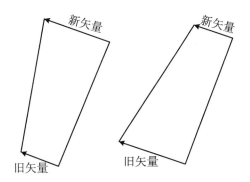

图 4.13　偏移量改变

5. 偏移量正负与刀具中心轨迹的位置关系

如图 4.14(a)所示,偏移量为正值时,刀具中心沿工件外侧切削;当偏移量为负值时,与刀具长度补偿类似,G41 和 G42 可以相互取代,则刀具中心变为在工件内侧切削,如图(b)所示。反之,当图(b)中偏移量为正值时,则图(a)中刀具的偏移量为负值。

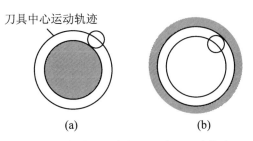

图 4.14　偏移量正负与刀具中心运动轨迹

4.2.6　拐角偏移圆弧插补指令(G39)

格式:G39 X_Y_；

在有刀具半径补偿时,若编程轨迹的相邻两直线(或圆弧)不相切,则必须进行拐角网弧插补,即在拐角处产生一个以偏移值为半径的附加圆弧,此圆弧与刀具中心运动轨迹的相邻两直线(或圆弧)相切,如图 4.15 所示。

1. 对于刀具半径补偿 C 功能

CNC 系统可以自动实现零件廓形各种拐角组合形式的折线型尖角过渡。

如图 4.16 所示凸模,若直径为 16 mm 的铣刀从起刀点 O 加工,加工程序为

　　N1 G92 X0 Y0 Z0；

　　N2 G90 G42 G00 X50.0 Y60.0 H01；

　　N3 G01 X150.0 F150；

　　N4 G03 Y140.0 R40.0；

　　N5 G01 X50.0；

　　N6 Y60.0；

　　N7 G40 G00 X0 Y0；

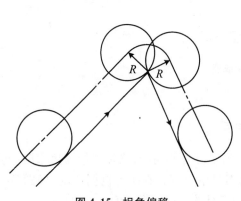

图 4.15　拐角偏移

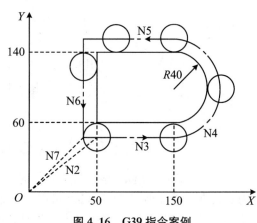

图 4.16　G39 指令案例

2. 对于刀具半径补偿 B 功能

在零件的外拐角处必须人为编制出附加圆弧插补程序段 G39 指令,才能实现尖角过渡。G39 指令中的 X 和 Y 为与新矢量垂直的直线上任意一点的坐标值。

如图 4.17 所示零件轮廓 ABC 的加工程序为

　　N1 G90 G17 G00 G41 X100.0 Y50.0 H08；

　　N2 G01 X200.0 Y100.0 F150；

　　N3 G39 X300.0 Y50.0；

　　N4 G01 X300.0 Y50.0；

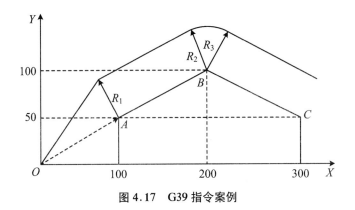

图 4.17　G39 指令案例

如图 4.18 所示 *ABCD* 轮廓曲线,若刀具从起刀点 *D* 开始移动,则加工程序为

N1 G91 G17 G01 G41 X15.0 Y25.0 F200;

N2 G39 X35.0 Y15.0;

N3 X35.0 Y15.0;

N4 G39 X25.0 Y−20.0;

N5 X25.0 Y−20.0;

N6 G39 X5.0 Y−25.0;

N7 G03 X25.0 Y−20.0 R25.0;

N8 G40 G01 Y25.0;

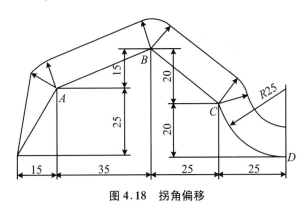

图 4.18　拐角偏移

G39 指令只有在 G41 或 G42 被指令后才有效。G39 属于非模态指令,仅在它所指令的程序段中起作用。

应用刀具半径补偿功能时必须注意:在 G41 或 G42 至 G40 指令程序段之间的程序段不能有任何一个刀具不移动的指令出现;在 *XY* 平面中执行刀具半径补偿时,也不能出现连续两个 *Z* 轴移动的指令,否则 G41 或 G42 指令无效。在使用 G41 或 G42 指令的程序段中只能用 G00 或 G01 指令,不能用 G02 或 G03 指令。

3. 应用举例

使用半径 *R* 为 5 mm 的刀具加工如图 4.19 所示的零件,加工深度为 5 mm,加工程序编制如下:

O0001；

G55 G90 G01 Z40 F2000；	进入 2 号加工坐标系
M03 S500；	主轴启动
G01 X−50.0 Y0；	到达 *XY*，坐标起始点
G01 Z−5.0 F100；	到达 Z 坐标起始点
G01 G42 X−10.0 Y0 H01；	建立右偏刀具半径补偿
G01 X60.0 Y0；	切入轮廓
G03 X80.0 Y20.0 R20.0；	切削轮廓
G03 X40.0 Y60.0 R40.0；	切削轮廓
G01 X0 Y40.0；	切削轮廓
G01 X0 Y−10.0；	切出轮廓
G01 G40 X0 Y−40.0；	撤销刀具半径补偿
G01 Z40.0 F2000；	Z 坐标退刀
M30；	程序停

设置 G55：X=−400.0，Y=−150.0，Z=−50.0；H01=50.0。

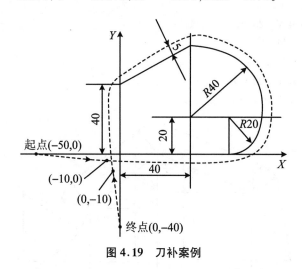

图 4.19　刀补案例

4.2.7　机床坐标系选择指令(G53)

格式：G53 G90 X_Y_Z_；

机床坐标系是机床固有的坐标系，由机床来确定。机床调整后，此坐标系一般是不允许变动的。当完成"手动返回参考点"操作之后，就建立了一个以机床原点为原点的机床坐标系，此时显示器上显示的当前刀具在机床坐标系中的坐标值均为零。当执行该指令时，刀具移动到机床坐标系中坐标值为(X,Y,Z)的点上。G53 是非模态指令，仅在它所在的程序段中和绝对值指令 G90 中有效；在增量值指令 G91 中无效。当刀具要移动到机床上某一预选点(如换刀点或托板交换位置)时，则使用该指令，G53 指令使刀具快速定位到机床坐标系中的指定位置上。其中 X、Y、Z 后的值为机床坐标系中的坐标值，其数值均为负值。例：

　　　　G53 G90 X−50 Y−100 Z−20；

执行后，刀具在机床坐标系中的位置如图 4.20 所示。

注意：当执行 G53 指令时，取消刀具补偿，坐标系必须在 G53 指令执行前建立，即在电源接通后，至少返回过一次参考点(手动或自动)。

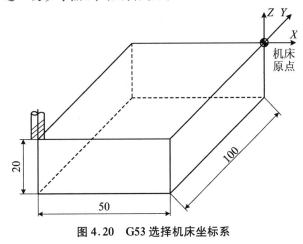

图 4.20　G53 选择机床坐标系

4.2.8　加工坐标系选择指令(G54～G59)

1. G54～G59 指令

若在工作台上同时加工多个相同零件时，可以设定不同的程序零点(图 4.21)，可建立 G54～G59 共 6 个加工坐标系。其坐标原点(程序零点)可设在便于编程的某一固定点上，这样建立的加工坐标系在系统断电后不会被破坏，再次开机后仍有效，并与刀具的当前位置无关，只需按选择的坐标系编程。G54～G59 指令使其后的坐标值可视为用加工坐标系 1～6 表示的绝对坐标值。

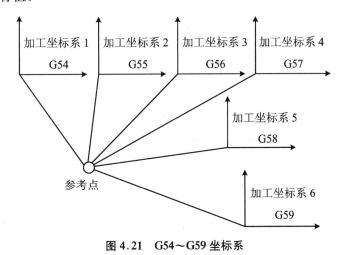

图 4.21　G54～G59 坐标系

例如(图 4.22)：

G55 G00 X20.0 Z100.0;

X40.0 Z20.0;

这 6 个加工坐标系程序零点的位置，可通过在程序中编入变更加工坐标系 G10 指令来设定，也可直接在 CRT/MDI 操作面板上用 OFFSET 来设定，即将程序零点相对于机床坐标系的坐标值(零点偏移值)置入相应项中即可。

在使用 G54～G59 加工坐标系时,就不再用 G92 指令;若再用 G92 指令,原来的坐标系和加工坐标系将平移,产生一个新的工件坐标系。

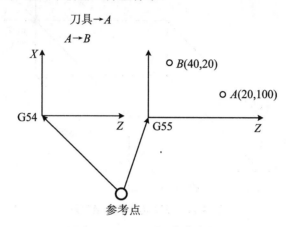

图 4.22　G54～G59 指令案例 1

例如(图 4.23):

N1 G54 G00 X200.0 Y160.0;
N2 G92 X100.0 Y100.0;

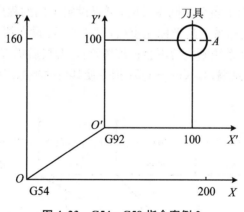

图 4.23　G54～G59 指令案例 2

N1 时,刀具在 G54 加工坐标系的(200,160)位置,N2 后,加工坐标系变为工件坐标系 $X'Y'$,刀具在(100,100)的位置。

2. 注意事项

① G54 与 G55～G59 的区别。G54～G59 设置加工坐标系的方法是一样的,但在实际中,机床厂家为了满足用户的不同需要,在使用中加入以下区别:在利用 G54 设置机床原点的情况下,进行回参考点操作时,机床坐标值显示为 G54 的设定值,且符号均为正;在利用 G55～G59 设置加工坐标系的情况下,进行返回参考点操作时,机床坐标值显示零值。

② G92 与 G54～G59 的区别。G92 指令与 G54～G59 指令都用于设定工件加工坐标系,但在使用中是有区别的。G92 指令是通过程序来设定、选用加工坐标系的,它所设定的加工坐标系原点与当前刀具所在的位置有关,这一加工原点在机床坐标系中的位置是随当

前刀具位置的不同而改变的。

③ G54～G59 的修改。G54～G59 指令是通过 MDI 在设置参数方式下设定工件加工坐标系的,一旦设定,加工原点在机床坐标系中的位置是不变的,它与刀具的当前位置无关,除非再通过 MDI 方式修改。

④ 应用范围。本课程所列加工坐标系的设置方法,仅是 FANUC 系统中常用的方法之一,其余不一一列举。其他数控系统的设置方法应按随机说明书执行。

3. 常见错误

当执行程序段“G92 X10.0 Y10.0”时,人们常会认为是刀具在运行程序后到达 X10.0 Y10.0 点上。其实,G92 指令程序段只是设定加工坐标系,并不产生任何动作,这时刀具已在加工坐标系中的 X10.0 Y10.0 点上了。

G54～G59 指令程序段可以和 G00、G01 指令组合,如 G54 G90 G01 X10.0 Y10.0,能使运动部件在选定的加工坐标系中进行移动。程序段运行后,无论刀具当前点在哪里,它都会移动到加工坐标系中的 X10.0 Y10.0 点上。

4.3　CDIO　项　目

CDIO 项目的运行过程、结题报告评分表及学生自评表分别如表 4.1～表 4.3 所示。

表 4.1　CDIO 运行过程详表

教学环节		预计时间(min)	任 务 活 动	备注
构思(Conceive)	学生分配	5	自由分组,每组 6 人左右。确定本项目的轮值组长、轮值班长、轮值记录、轮值助理、轮值卫生员	
	布置任务	10	轮值班长发放任务书和学生学习材料;轮值助理与各轮值组长开会讨论	
	小组讨论	30	组内讨论,初步进行组内分工,确定工作计划、初步的工作方案,并制作汇报文件	
	小组报告	45	组内发言人报告,内容至少包括: 1. 组内同学介绍; 2. 组内分工; 3. 初步工作方案; 4. 工作计划(甘特图); 5. 工作重点; 6. 大致分析所用到的知识; 7. 初步分析所用到的工具; 8. 预算所需费用; 9. 面临的困难和解决对策等	
设计(Design)	小组方案设计	45	对报告内容进行全面讨论,确定报告中方案的可行性,并最终确定方案	

教学环节		预计时间(min)	任 务 活 动	备注
实现(Implement)	项目实施	360	每个小组根据确定的方案、小组成员分工、原定的工作方案和工作计划实施项目。 本项目内容包括: 1. 对该零件进行二次设计; 2. 分析该零件使用实训车间的哪一台机床加工合适,并说明理由; 3. 分析面临的困难,并提出解决办法; 4. 组内学习该项目运行过程中所用到的知识,部分指令可在机床上验证; 5. 组内讨论该零件加工时所用到的刀具及毛坯,并向老师申请,同时计算费用; 6. 结合实训车间现状,组内讨论该零件加工时所使用的装夹方法和夹具; 7. 根据刀具及机床的资料,确定加工进给速度、主轴转速等; 8. 确定加工工序,考虑到批量生产,组间同学可以联合组成生产线; 9. 核算加工时间; 10. 制作应急预案; 11. 在机床上加工该零件; 12. 对该零件进行测量,如果尺寸偏差过大,分析原因,改正不合理之处后重新加工; 13. 制作汇报文件	
运作(Operate)	项目运行	90	将加工好的零件交予该机床厂,由机床厂按照使用要求检测,并由该零件的使用人试用该零件,给出中肯的意见	
	结题报告与答辩	45	小组发言人作结题报告,报告内容至少包括: 1. 项目实施过程; 2. 总结项目实施的亮点与不足; 3. 小组成员贡献与配合情况; 4. 学到了什么知识; 5. 该零件加工过程中的经验总结; 6. 该零件加工所使用的费用决算; 7. 该零件加工的工艺分析; 8. 该零件加工的时间及效率分析; 9. 工人试用的评价; 10. 若组间组成了生产线,详述生产线的分工,并与未组成生产线的效率比较; 11. 改进后的费用及效率分析; 12. 回答同学的提问	
	评价	10	1. 按照评价方法,由组长给出小组成员的排名。给出的成员排名依据是小组各成员贡献、与他人的配合情况等,采用民主的方法评判。 2. 合作企业及教师为学生评价	

表 4.2　结题报告评分表

序号	评 价 指 标	差	中	好	很好	优
1	目标明确	1	2	3	4	5
2	重点阐述明确	1	2	3	4	5
3	与听者有很好的交流	1	2	3	4	5
4	能很好地运用声音	1	2	3	4	5
5	演讲者之间转换流畅	1	2	3	4	5
6	着装、手势等	1	2	3	4	5

表 4.3　项目运行学生自评表

评价项目	评 价 内 容	分值	分数
过程考核	作业	10%	
	实操情况	10%	
	学习情况	10%	
CDIO 设计与实现	项目构思(报告＋演讲)	10%	
	项目过程	20%	
	企业工人试用评价	10%	
	项目运作(成品＋报告与答辩＋互评)	30%	
总　　分			

思考与作业

1. 如何确定对刀点?
2. 如何确定换刀点?
3. 如何确定切削用量?
4. 如何判断左右刀补?

项目5 旋转、缩放零件加工

5.1 提 出 问 题

上一个项目介绍的某机床生产厂家,其在产品更新的过程中需要加工一种联轴器,如图5.1所示,两个部件对接可以实现联轴器功能。其材料为铝材,请你帮助成批量地加工这种零件。

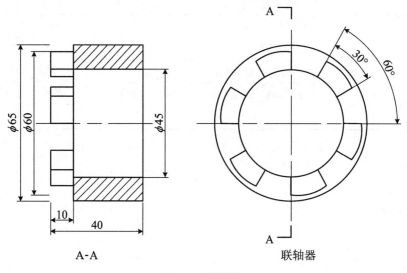

图 5.1 联轴器

5.2 所 需 知 识

5.2.1 子程序调用

编程时,为了简化程序的编制,当一个工件上有相同的加工内容时,常采用调用子程序的方法进行编程。调用子程序的程序叫作主程序。子程序的编号与一般程序基本相同,只是程序结束字为M99,表示子程序结束,并返回到调用子程序的主程序中。

调用子程序的编程格式:M98 Pxxxxooooo;

其中:P 表示子程序调用情况;P 后共有 8 位数字,前 4 位为调用次数,省略时为调用 1 次,后 4 位为所调用的子程序号。

如图 5.2 所示,在一块平板上加工 6 个边长为 10 mm 的等边三角形,每边的槽深为 2 mm,工件上表面为 Z 向零点。其程序的编制就可以采用调用子程序的方式来实现(编程时不考虑刀具补偿)。

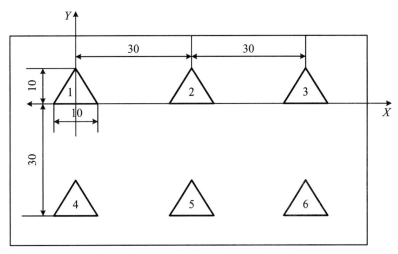

图 5.2　子程序的调用

主程序:

O10;

N10 G54 G90 G01 Z40.0 F200;

N20 M03 S800;

N30 G00 Z3.0;

N40 G01 X0 Y8.66;

N50 M98 P20;

N60 G90 G01 X30.0 Y8.66;

N70 M98 P20;

N80 G90 G01 X60.0 Y8.66;

N90 M98 P20;

N100 G90 G01 X0 Y-21.34;

N110 M98 P20;

N120 G90 G01 X30.0 Y-21.34;

N130 M98 P20;

N140 G90 G01 X60.0 Y-21.34;

N150 M98 P20;

N160 G90 G01 Z40.0 F200;

N170 M05;

N180 M30;

子程序:

O20;

N10 G91 G01 Z-2.0 F100;

N20 G01 X－5 Y－8.660；

N30 G01 X10.0 Y00；

N40 G01 X5 Y8.66；

N50 G01 Z5.0 F200；

N60 M99；

设置 G54：X＝－400.0,Y＝－100.0,Z＝－50.0。

5.2.2　坐标系旋转功能(G68、G69)

该指令可使编程图形按照指定旋转中心及旋转方向旋转一定的角度,G68 表示开始坐标系旋转,G69 用于撤销旋转功能。

1. 基本编程方法

格式：G68 X_Y_R_；

　　　　G69；

其中：X、Y——旋转中心的坐标值(可以是 X、Y、Z 中的任意两个,它们由当前平面选择指令 G17、G18、G19 中的一个来确定),当 X、Y 省略时,G68 指令认为当前的位置即为旋转中心；

　　R——旋转角度,将逆时针方向定义为正方向,顺时针方向定义为负方向。

当程序在绝对方式下时,G68 程序段后的第一个程序段必须使用绝对方式移动指令才能确定旋转中心。如果这一程序段为增量方式移动指令,那么系统将以当前位置为旋转中心,按 G68 给定的角度旋转坐标。现以图 5.3 为例,应用旋转指令的程序为

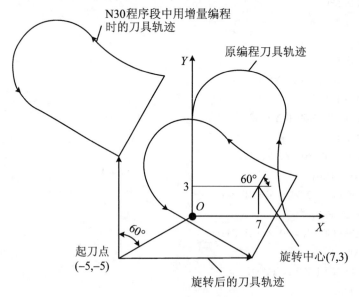

图 5.3　坐标系旋转

N10 G92 X－5.0 Y－5.0；　　　　　　建立图 5.3 所示的加工坐标系

N20 G68 G90 X7.0 Y3.0 R60.0；　　　开始以点(7,3)为旋转中心,逆时针旋转 60°

N30 G90 G01 X0 Y0 F200；　　　　　按原加工坐标系描述运动,到达(0,0)点

| (G91 X5.0 Y5.0)；| 若按括号内程序段运行,将以(-5,-5)的当前点为旋转中心旋转 60° |

N40 G91 X10.0；　　　　　　　　　沿 X 向进给到(10,0)

N50 G02 Y10.0 R10.0；　　　　　　顺时针圆弧进给

N60 G03 X-10.0 I-5.0 J-5.0；　　逆时针圆弧进给

N70 G01 Y-10.0；　　　　　　　　回到(0,0)点

N80 G69 G90 X-5.0 Y-5.0；　　　撤销旋转功能,回到(-5,-5)点

M30；　　　　　　　　　　　　　结束

2. 坐标系旋转功能与刀具半径补偿功能的关系

旋转平面一定要包含在刀具半径补偿平面内,以图 5.4 为例:

N10 G92 X0 Y0；

N20 G68 G90 X10.0 Y10.0 R-30.0；

N30 G90 G42 G00 X10.0 Y10.0 F100 H01；

N40 G91 X20.0；

N50 G03 Y10.0 I-10.0 J5.0；

N60 G01 X-20.0；

N70 Y-10.0；

N80 G40 G90 X0 Y0；

N90 G69 M30；

当选用半径为 R5 的立铣刀时,设置:H01=5.0。

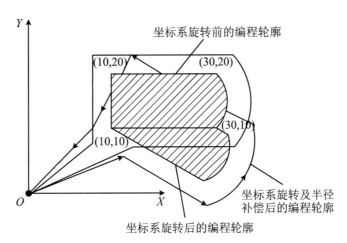

图 5.4　坐标系旋转与刀具半径补偿

5.2.3　比例及镜像功能(G50、G51)

比例及镜像功能可使原编程尺寸按指定比例缩小或放大,也可让图形按指定规则产生镜像变换。

G51 为比例编程指令,G50 为撤销比例编程指令。G50、G51 均为模式 G 代码。

1. 各轴按相同比例编程

编程格式:G51 X_Y_Z_P_;

　　　　G50;

其中:X、Y、Z——比例中心坐标(绝对方式);

　　P——比例系数。比例系数的范围为 0.001~999.999。该指令以后的移动指令,从比例中心点开始,实际移动量为原数值的 P 倍。P 值对偏移量无影响。

如在图 5.5 中,P_1~P_4 为原编程图形,$P_1{}'$~$P_4{}'$ 为比例编程后的图形,P_0 为比例中心。

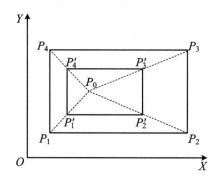

图 5.5　各轴按相同比例缩放

2. 各轴以不同比例编程

各个轴可以按不同比例来缩小或放大,当给定的比例系数为 -1 时,可获得镜像加工功能。

编程格式:G51 X_Y_Z_I_J_K_;

　　　　G50;

其中:X、Y、Z——比例中心坐标;

I、J、K——对应 X、Y、Z 轴的比例系数,在 ±0.001~±999.999 范围内。本系统设定 I、J、K 不能带小数点,比例为 1 时,应输入 1 000,并在程序中都应输入,不能省略。

比例系数与图形的关系见图 5.6。图中,b/a:X 轴系数;d/c:Y 轴系数;O:比例中心。

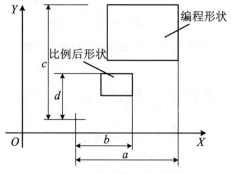

图 5.6　各轴按不同比例缩放

3. 镜像功能

再举一例来说明镜像功能的应用。见图 5.7，其中槽深为 2 mm，比例系数取为 + 1000 或 − 1000。设刀具起始点在 O 点，程序如下：

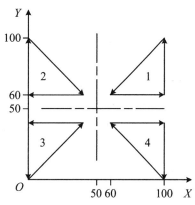

图 5.7　镜像功能举例

子程序：

O0008；	
N10 G00 X60.0 Y60.0；	到三角形左顶点
N20 G01 Z − 2.0 F100；	切入工件
N30 G01 X100.0 Y60.0；	切削三角形第一边
N40 X100.0 Y100.0；	切削三角形第二边
N50 X60.0 Y60.0；	切削三角形第三边
N60 G00 Z4.0；	向上抬刀
N70 M99；	子程序结束

主程序：

O0007；	
N10 G92 X0 Y0 Z10.0；	建立加工坐标系
N20 G90；	选择绝对方式
N30 M98 P0008；	调用 0008 号子程序切削 1♯ 三角形
N40 G51 X50.0 Y50.0 I − 1000 J1000；	以 X50.0 Y50.0 为比例中心，以 X 比例为 − 1、Y 比例为 + 1 开始镜像
N50 M98 P0008；	调用 0008 号子程序切削 2♯ 三角形
N60 G51 X50.0 Y50.0 I − 1000 J − 1000；	以 X50.0 Y50.0 为比例中心，X 比例为 − 1、Y 比例为 − 1 开始镜像
N70 M98 P0008；	调用 0008 号子程序切削 3♯ 三角形
N80 G51 X50.0 Y50.0 I1000 J − 1000；	以 X50.0 Y50.0 为比例中心，X 比例为 + 1、Y 比例为 − 1 开始镜像
N90 M98 P0008；	调用 0008 号子程序切削 4♯ 三角形
N100 G50；	取消镜像
N110 M30；	程序结束

注意：

① P 和 I、J、K 的单位由参数设定，比如缩放比例为 1，至于程序中写为 1 还是 1000，由参数设定。

② 通过参数设定，可以关闭某个轴方向的缩放，比如通过参数关闭 Z 方向缩放，在写程序的时候设定 P_2，此时 X、Y 方向缩放为原来的 2 倍，Z 向不缩放。

③ 与比例编程方式的关系：在比例模式时，再执行坐标旋转指令，旋转中心坐标也执行比例操作，但旋转角度不受影响，这时各指令的排列顺序如下：

G51…

G68…

G41/G42…

G40…

G69…

G50…

5.3　CDIO　项　目

CDIO 项目的运行过程、结题报告评分表及学生自评表分别如表 5.1~表 5.3 所示。

表 5.1　CDIO 运行过程详表

教学环节		预计时间(min)	任 务 活 动	备注
构思(Conceive)	学生分配	5	自由分组,每组 6 人左右。确定本项目的轮值组长、轮值班长、轮值记录、轮值助理、轮值卫生员	
	布置任务	10	轮值班长发放任务书和学生学习材料;轮值助理与各轮值组长开会讨论	
	小组讨论	30	组内讨论,初步进行组内分工,确定工作计划、初步的工作方案,并制作汇报文件	
构思(Conceive)	小组报告	45	组内发言人报告,内容至少包括: 1. 组内同学介绍; 2. 组内分工; 3. 初步工作方案; 4. 工作计划(甘特图); 5. 工作重点; 6. 大致分析所用到的知识; 7. 初步分析所用到的工具; 8. 预算所需费用; 9. 面临的困难和解决对策等	
设计(Design)	小组方案设计	45	对报告内容进行全面讨论,确定报告中方案的可行性,并最终确定方案	
实现(Implement)	项目实施	360	每个小组根据确定的方案、小组成员分工、原定的工作方案和工作计划实施项目。 本项目内容包括: 1. 对该零件进行二次设计; 2. 分析该零件使用实训车间的哪一台机床加工合适,并说明理由; 3. 分析面临的困难和解决办法; 4. 组内学习该项目运行过程中所用到的知识,部分指令可在机床上验证; 5. 组内讨论该零件加工时所用到的刀具及毛坯,并向老师申请,同时计算费用; 6. 结合实训车间现状,组内讨论该零件加工时所使用的装夹方法和夹具; 7. 根据刀具及机床的资料,确定加工进给速度、主轴转速等; 8. 确定加工工序,考虑到批量生产,组间同学可以联合组成生产线;	

续表

教学环节		预计时间(min)	任 务 活 动	备注
实现 (Implement)	项目实施	360	9. 核算加工时间; 10. 制作应急预案; 11. 在机床上加工该零件; 12. 对该零件进行测量,如果尺寸偏差过大,分析原因,改正不合理之处后重新加工; 13. 制作汇报文件	
运作 (Operate)	项目运行	90	将加工好的零件交予该机床厂,由机床厂按照使用要求检测,并由该零件的使用人试用该零件,给出中肯的意见	
	结题报告 与答辩	45	小组发言人作结题报告,报告内容至少包括: 1. 项目实施过程; 2. 总结项目实施的亮点与不足; 3. 小组成员贡献与配合情况; 4. 学到了什么知识; 5. 该零件加工过程中的经验总结; 6. 该零件加工所使用的费用决算; 7. 该零件加工的工艺分析; 8. 该零件加工的时间及效率分析; 9. 工人试用的评价; 10. 若组间组成了生产线,详述生产线的分工及其与未组成生产线的效率比较; 11. 改进后的费用及效率分析; 12. 回答同学的提问	
	评价	10	1. 按照评价方法,由组长给出小组成员的排名。给出的成员排名是小组根据各成员的贡献、与他人的配合情况等,采用民主的方法评判。 2. 合作企业及教师为学生评价	

表 5.2 结题报告评分表

序号	评 价 指 标	差	中	好	很好	优
1	目标明确	1	2	3	4	5
2	重点阐述明确	1	2	3	4	5
3	与听者有很好的交流	1	2	3	4	5
4	能很好地运用声音	1	2	3	4	5
5	演讲者之间转换流畅	1	2	3	4	5
6	着装、手势等	1	2	3	4	5

表 5.3　项目运行学生自评表

评价项目	评 价 内 容	分值	分数
过程考核	作业	10%	
	实操情况	10%	
	学习情况	10%	
CDIO 设计与实现	项目构思(报告＋演讲)	10%	
	项目过程	20%	
	企业工人试用评价	10%	
	项目运作(成品＋报告与答辩＋互评)	30%	
总　　分			

思考与作业

1. 请写出子程序的调用格式。
2. 请指出坐标系旋转指令的使用注意事项。
3. 请指出坐标系缩放指令的使用注意事项。

项目6 孔系零件加工

6.1 提 出 问 题

东莞成田精密机械有限公司研制出一种新的液压阀阀体,如图6.1所示,材料为铸铁,请你帮助批量生产这种阀体。

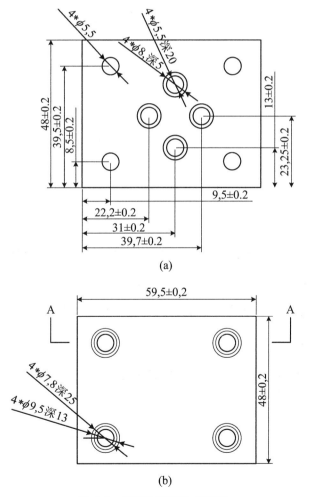

(a)

(b)

图6.1 新液压阀阀体示意图

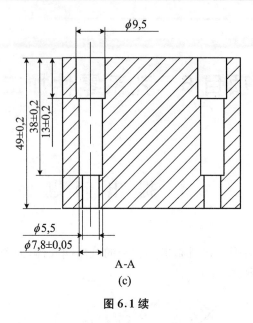

A-A

(c)

图 6.1 续

6.2　所 需 知 识

6.2.1　孔的种类

机器上很多零件都需要打孔,根据工作性质和技术要求孔一般可以归纳为以下几类:

1. 紧固孔

如螺钉、螺柱孔以及其他非配合和油孔、气孔、减重孔等,这类孔的精度一般要求不高。

2. 套筒、连接盘以及齿轮等零件上的孔

这类孔一般除了有孔本身的精度要求外,还有孔和外圆表面的同轴度要求。

3. 箱体的轴孔或主轴孔

这类孔的精度要求较高,并且在孔与孔之间有一定的尺寸精度和平行度、垂直度等要求,构成孔系。

4. 深孔

特别深的孔。一般孔深/孔径>5。

5. 圆锥孔

圆锥孔一般用于保证零件间相互配合的准确性,如机床上的主轴孔及某些定位销控。

6.2.2　圆柱孔的技术要求

1. 孔的本身精度

① 孔的直径及深度。
② 圆柱孔表面形状精度,包括圆度、圆柱度及直线度。
③ 孔的表面粗糙度。

2. 孔的相互位置精度

① 同轴度:孔与孔之间或孔与圆表面之间的同轴度。
② 平行度:孔与孔轴线的平行度、孔轴线与基准面的平行度。
③ 垂直度:孔的轴线与端面的垂直度。
④ 位置度:孔的轴线对基准面、基准线的偏移量。

6.2.3　孔加工刀具

1. 麻花钻

① 麻花钻的组成:工作部分、柄部和颈部三部分,如图 6.2 所示。

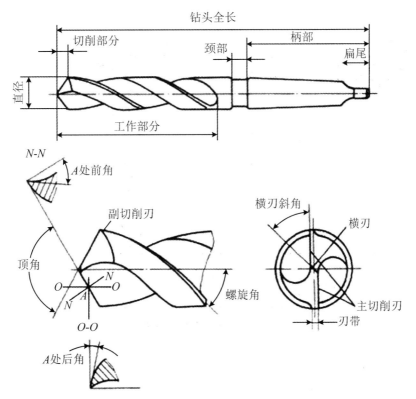

图 6.2　麻花钻的组成

② 切削角度

一般标准麻花钻的顶角为118°,常用为100°~140°。钻软材料时顶角取小些,钻硬材料时取大些。顶角大,主刀刃短,定心差,钻出的孔易扩大,但顶角大切削省力些。

2. 铰刀

铰刀可分为机铰刀和手铰刀,它的前端有45°倒角,使铰刀容易放入孔中,并起保护切削刃的作用。

3. 镗刀

根据镗刀刀头的固定形式可分为整体式、机械固定式和浮动式3种。

6.2.4 刀具长度补偿功能(G43、G44、G49)

G43、G44:刀具长度偏置指令;G49:刀具长度偏置取消指令。

当一个加工程序内要使用几把不同刀具时,由于所选用的刀具长度各异,或者刀具磨损后长度发生变化,因而在同一坐标系内 Z 值不变的情况下,刀具的端面在 Z 轴方向的实际位置就会有所不同,这就给编程带来了困难。为编程方便,调试刀具容易,就需要统一刀具长度方向定位基准,这样就产生了刀具长度偏置功能,如图6.3所示。刀具长度偏置指令用于刀具轴向的补偿,它使刀具在 Z 方向上的实际位移量等于补偿轴终点坐标值加上(或减去)补偿值。

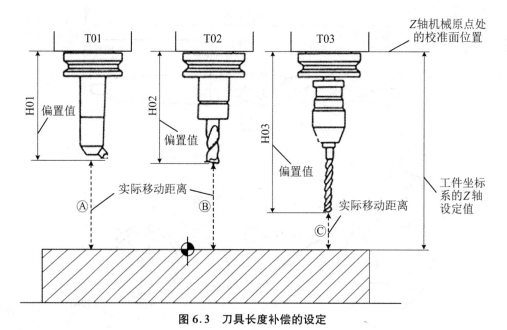

图6.3 刀具长度补偿的设定

格式:

$$\begin{Bmatrix} G17 \\ G18 \\ G19 \end{Bmatrix} \begin{Bmatrix} G43 \\ G44 \\ G49 \end{Bmatrix} \ X\_Y\_Z\_H;$$

其中：G17——刀具长度补偿轴为 Z 轴；

　　　　G18——刀具长度补偿轴为 Y 轴；

　　　　G19——刀具长度补偿轴为 X 轴；

　　　　G49——取消刀具长度补偿；

　　　　G43——正向偏置(补偿轴终点加上偏置值)；

　　　　G44——负向偏置(补偿轴终点减去偏置值)；

　　　　X、Y、Z——G00/G01 的参数，即刀补建立或取消的终点；

　　　　H——刀具长度补偿偏置号(H00～H99)，是内存地址，在该地址中装有刀具的偏置量(刀柄锥部的基准面到刀尖的距离)，该偏置量代表了刀补表中对应的长度补偿值。

　　　　G43、G44、G49 指令都是模态代码，可相互注销，并且 G43、G44 只能在 G00 或 G01 方式下完成，在没有被 G49 取消前一直有效。

　　　　采用 G43(G44)指令后，编程人员就不一定要知道实际使用的刀具长度，可按假定的刀具长度进行编程；或者在加工过程中，当刀具长度发生变化或更新刀具时，不需要变更程序，只要改变刀具长度偏置值即可。

　　　　例　图 6.4 所示，用装在主轴上的立铣刀加工Ⅲ、Ⅳ面，必须把刀具从基准面Ⅰ移近工件上表面，再作 Z 向切入进给，控制这两个动作的程序如下：

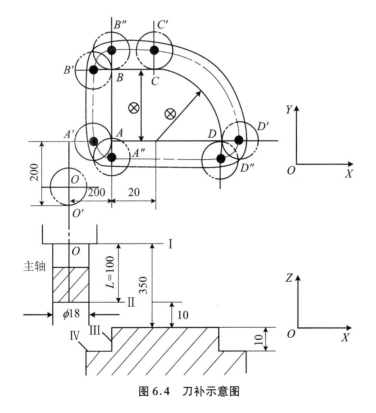

图 6.4　刀补示意图

　　　　N1　G91　G00　G43　H01　Z-348.0；

　　　　N2　G01　Z-12.0　F100；

　　　　……

　　　　Ni　G00　G49　Z360.0；

其中：N1 句程序使主轴沿 Z 向以 G00 方按 G91 指令相对移动，移动距离为-348+H01，即

$-348+100=-248(\mathrm{mm})$；

N2 句程序主轴 Z 向直线插补切入 12 mm，完成加工；

Ni 句取消刀具长度补偿，主轴 Z 向移动距离 360 mm 回到原始位置。

刀具补偿编程举例：

例　如图 6.4 为用铣刀加工 *ABCDA* 轮廓线示意图，立铣刀装在主轴上，铣刀测量基准面 Ⅰ 到共建上表面的距离为 350 mm，要加工Ⅲ、Ⅳ面，必须把刀具从基准面 Ⅰ 移近工件表面，再作 Z 向切入进给。图中装刀的基准点是 *O*，铣刀长度是 100 mm，半径是 9 mm，编写加工 *ABCDA* 轮廓线的程序：

```
O0725；
N10   G92 X0 Y0 Z0；                    设定坐标系
N20   G91 G00 G41 D01 X200 Y200；        建立刀具半径补偿
N30   G43 H01 Z-348；                   建立刀具长度补偿
N40   G01 Z-12 F100；                   Z 向切入
N50   Y30；                             加工 AB 轮廓
N60   X20；                             加工 BC 轮廓
N70   G02 X30 Y-30 I0 J-30；            加工 CD 轮廓
N80   G10 X-50；                        加工 DA 轮廓
N90   G00 G49 Z-360；                   取消长度补偿
N100  G40 X-200 Y-200；                 取消长半径补偿回原点
N110  M30；                             程序结束
```

6.2.5　固定循环动作

G73、G74、G76、G81～G89 为固定循环指令。在数控加工中，一些典型的加工工序，如钻孔，一般需要快速接近工件、慢速钻孔、快速回退等固定的动作。又如在车螺纹时，需要切入、切螺纹、径向退出，再快速返回 4 个固定动作。将这些典型的、固定的几个连续动作，用一条 G 指令来代表，这样只需用单一程序段的指令程序即可完成加工，这样的指令称为固定循环指令。

一般固定循环由如下 6 个动作顺序组成，如图 6.5 所示。

格式：$\begin{Bmatrix} G98 \\ G99 \end{Bmatrix}$ G_ X_ Y_ Z_ R_ Q_ P_ I_ J_ K_ F_ L_；

其中：G98——返回初始平面；

G99——返回 R 点平面；

G_——钻孔方式，G73、G74、G76、G81～G89 等；

X、Y——孔位置数据；

Z——从 R 点到孔底的距离，以增量值指定；

R——从初始点到 R 点的距离，以增量值指定；

Q——G83 指定每次的切削量，G87 指定移动量；

P——在孔底的暂停时间；

F——切削进给速度；

L——动作 1～6 的重复次数。

固定循环的数据表达形式可以用绝对坐标(G90)和相对坐标(G91)表示。如图 6.6 所示,其中,图(a)采用的是 G90 的方示,图(b)采用的是 G91 的方示。

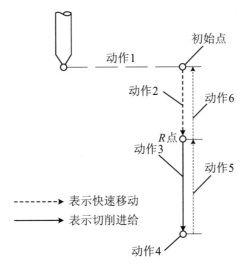

动作1:X、Y 轴定位(初始点);
动作2:快速移动到 R 点;
动作3:切削进给;
动作4:在孔底位置的动作;
动作5:退回到 R 点;
动作6:快速移动到初始点。

图 6.5　固定循环 6 个动作

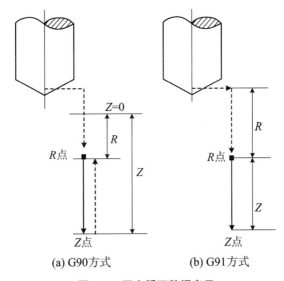

(a) G90方式　　　　　(b) G91方式

图 6.6　固定循环数据表示

为了保证孔加工的加工质量,有的孔加工固定循环指令需要主轴准停、刀具移位。图 6.6 表示了在孔加工固定循环中刀具的运动轨迹与动作,图中的虚线表示快速进给,实线表示切削进给。

(1) 初始平面

初始平面是为安全操作而设定的定位刀具的平面。初始平面到零件表面的距离可以任意设定。若使用同一把刀具加工若干个孔,当孔间存在障碍需要跳跃或全部孔加工完成时,需用 G98 指令使刀具返回到初始平面;否则,在中间加工过程中可用 G99 指令使刀具返回到 R 点所在平面,这样可缩短加工辅助时间。

(2) R 点平面

R 点平面又叫 R 参考平面。这个平面表示刀具从快进转为工进的转折位置,取 R 点平面距工件表面的距离时,主要考虑工件表面形状的变化,一般可取 2～5 mm。

(3) 孔底平面

Z 表示孔底平面的位置,加工通孔时刀具伸出工件孔底平面一段距离,保证通孔全部加工到位,钻削盲孔时应考虑钻头钻尖对孔深的影响。

常见铣削固定循环功能及指令如表 6.1 所示。

表 6.1　铣削固定循环功能及指令

G 代码	功　能	在孔底位置的操作	退刀操作	用　途
G73	间歇进给	—	快速进给	高速深孔钻循环
G74	切削进给	暂停→主轴正转	切削进给	反攻丝
G76	切削进给	主轴停止	快速进给	精镗
G80	—	—	—	取消固定循环
G81	切削进给	—	快速进给	钻孔、锪孔
G82	切削进给	暂停	快速进给	钻孔、阶梯镗孔
G83	间歇进给	—	快速进给	深孔钻循环
G84	切削进给	暂停→主轴反转	切削进给	攻丝
G85	切削进给	—	切削进给	镗削
G86	切削进给	主轴停止	快速进给	镗削
G87	切削进给	主轴正转	快速进给	背削
G88	切削进给	暂停→主轴停止	手动	镗削
G89	切削进给	暂停	切削进给	镗削
G98	固定循环返回起始点			
G99	固定循环返回 R 点			

6.2.6　具体固定循环指令

1. 孔钻循环、点钻循环指令(G81)

格式:$\begin{Bmatrix} G98 \\ G99 \end{Bmatrix}$ G81 X_ Y_ Z_ R_ F_ ;

其中:X、Y——孔位数据;

　　　Z——孔底坐标;

　　　R——R 平面坐标;

　　　F——切削进给速度。

G81 循环指令做正常钻孔。切削进给执行到孔底,然后从孔底快速移动退回,走刀路线如图 6.7 所示。

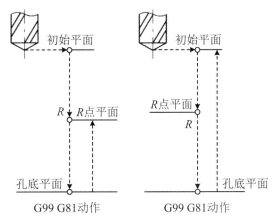

图 6.7　G81 循环

2. 带停顿的钻孔循环指令(G82)

格式: $\begin{Bmatrix} G98 \\ G99 \end{Bmatrix}$ G82 X_ Y_ Z_ R_ P_ F_ ;

G82 指令除了要在孔底暂停外,其他动作皆与 G81 相同。暂停时间由地址 P 给出。G82 指令主要用于加工盲孔,以提高孔深精度。注意的是,如果 Z 方向的移动量为零,则该指令不执行。

3. 排屑孔钻循环指令(G83)

格式: $\begin{Bmatrix} G98 \\ G99 \end{Bmatrix}$ G83 X_ Y_ Z_ R_ Q_ F_ ;

其中: X、Y——孔位数据;

　　　Z——孔底坐标;

　　　R——R 平面坐标;

　　　Q——每次进给深度;

　　　F——切削进给速度。

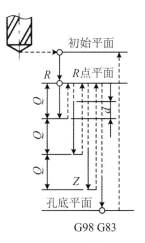

图 6.8　G83 循环

G83 循环指令执行深孔钻,它执行间歇切削进给到孔的底部,同时从孔中排出铁屑。每次刀具间歇进给后回退至 R 点平面,这种退刀方式排屑畅通,此处的 d 表示刀具间断进给每次下降时由快进转为工进的点至前一次切削进给下降的点之间的距离,d 值由数控系统内部设定。由此可见这种钻削方式适宜加工深孔。走刀路线如图 6.8 所示。

4.高速深孔加工循环指令(G73)

格式：$\left\{\begin{matrix} G98 \\ G99 \end{matrix}\right\}$ G73 X_Y_Z_R_Q_P_K_F_L_；

其中：Q——每次进给深度；

K——每次退刀距离。

G73 用于 Z 轴的间歇进给,使深孔加工时容易排屑,以减少退刀量,可以进行高效率的加工。G73 指令动作循环如图 6.9 所示。注意当 Z、K、Q 的移动量为零时,该指令不执行。

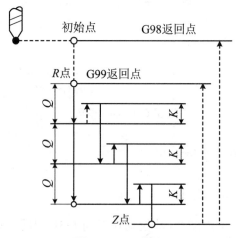

图 6.9　G73 循环

例　使用 G73 指令编制如图 6.10 所示的深孔加工程序。设刀具起点距工件上表面42 mm,距孔底 80 mm,在距工件上表面 2 mm 处(R 点)由快进转换为工进,每次进给深度10 mm,每次退刀距离 5 mm。深孔的加工程序如下:

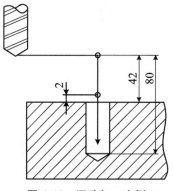

图 6.10　深孔加工实例

O8071；	程序名
N10 G92 X0 Y0 Z80；	设置刀具起点
N20 G00 G90 M03 S600；	主轴正转
N30 G98 G73 X100 R40 P2 Q-10 K5 Z0 F200；	深孔加工,返回初始平面
N40 G00 X0 Y0 Z80；	返回起点
N60 M05；	
N70 M30；	程序结束

G73 循环与 G83 循环走刀路线比较如图 6.11 所示。

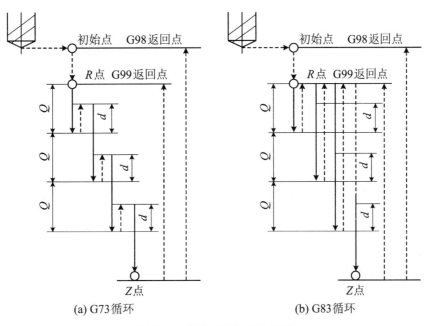

(a) G73 循环　　　　　　　　　　(b) G83 循环

图 6.11　G73 循环与 G83 循环

5. 攻丝循环指令(G84)

格式：$\begin{Bmatrix} G98 \\ G99 \end{Bmatrix}$ G84 X_Y_Z_R_P_F_L_;

利用 G84 攻螺纹时，从 R 点到 Z 点主轴正转，在孔底暂停后，主轴反转，然后退回。G84 指令动作循环如图 6.12 所示。

注意：

① 攻丝时速度倍率、进给保持均不起作用。

② R 点应选在距工件表面 7 mm 以上的地方。

③ 如果 Z 方向的移动量为零，该指令不执行。

6. 反攻丝循环指令(G74)

格式：$\begin{Bmatrix} G98 \\ G99 \end{Bmatrix}$ G74 X_Y_Z_R_P_F_L_;

利用 G74 攻反螺纹时主轴反转，到孔底时主轴正转，然后退回。G74 指令动作循环如图 6.13 所示。

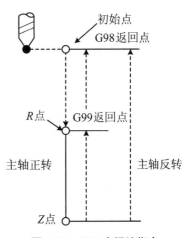

图 6.12　G84 攻螺纹指令

注意：

① 攻丝时速度倍率、进给保持均不起作用。

② R 应选在距工件表面 7 mm 以上的地方。

③ 如果 Z 的移动量为零，则该指令不执行。

例　使用 G74 指令编制如图 6.14 所示的反螺纹攻丝加工程序，设刀具起点距工件上表面 48 mm，距孔底 60 mm。在距工件上表面 8 mm 处(R 点)由快进转换为工进。螺纹的加工程序如下：

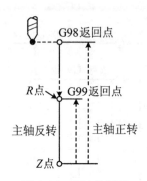

图 6.13 反攻丝循环

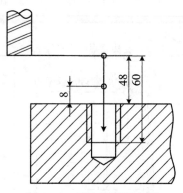

图 6.14 反攻丝循环实例

%8081;	程序名
N10 G92 X0 Y0 Z60;	设置刀具的起点
N20 G91 G00 M04 S500;	主轴反转,转速 500 r/min
N30 G98 G74 X100 R－40 P4 F200;	攻丝,孔底停留 4 个单位时间,返回初始平面
N35 G90 Z0;	
N40 G0 X0 Y0 Z60;	返回到起点
N50 M05;	
N60 M30;	程序结束

7. 镗孔指令(G86)

格式:G86 X_Y_Z_R_F_;

如图 6.15 所示,加工到孔底后主轴停止,返回初始平面或 R 点平面后,主轴再重新启动。采用这种方式,如果连续加工的孔间距较小,可能出现刀具已经定位到下一个孔加工的位置而主轴尚未到达指定的转速的情况。为此可以在各孔动作之间加入暂停指令 G04,使主轴获得指定的转速。

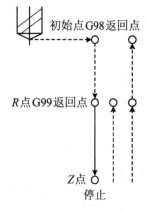

图 6.15 镗孔指令(G86)

8. 反镗孔指令(G87)

格式:G87 X_Y_Z_R_Q_F_;

如图 6.16 所示,X 轴和 Y 轴定位后,主轴停止,刀具以与刀尖相反方向按指令 Q 设定的偏移量偏移,并快速定位到孔底。在该位置刀具按原偏移量返回,然后主轴正转,沿 Z 轴正向加工到 Z 点。在此位置主轴再次停止后,刀具再次按原偏移量反向位移,然后主轴向上快速移动到达初始平面,并按原偏移量返回后主轴正转,继续执行下一个程序段。采用这种循环方式,刀具只能返回到初始平面而不能返回到 R 点平面。

9. 镗孔指令(G88)

格式:G88 X_Y_Z_R_P_F_;

如图 6.17 所示,刀具到达孔底后暂停,暂停结束后主轴停止且系统进入进给保持状态,在此情况下可以执行手动操作,但为了安全,应先把刀具从孔中退出,再启动加工按循环启动按钮,刀具快速返回到 R 点平面或初始点平面,然后主轴正转。

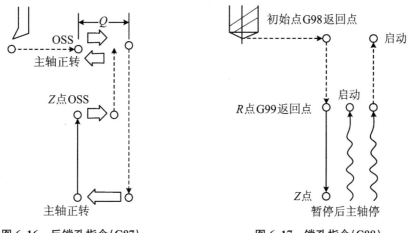

图 6.16   反镗孔指令(G87)   图 6.17   镗孔指令(G88)

10. 精镗孔指令(G76)

格式:G76 X_Y_Z_R_Q_F_;

孔加工动作如图 6.18 所示。图中 OSS 表示主轴暂停,Q 表示刀具移动量。在孔底主轴定向停止后,刀头按地址 Q 所指定的偏移量移动,然后提刀,刀头的偏移量在 G76 指令中设定。采用这种镗孔方式可以高精度、高效率地完成孔加工而不损伤工件表面。

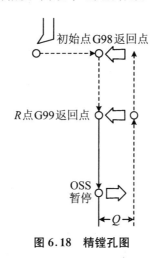

图 6.18   精镗孔图

11. 精镗孔指令(G85)与精镗阶梯孔指令(G89)

G85 指令格式:G85 X_Y_Z_R_F_;

G89 指令格式:G89 X_Y_Z_R_P_F_;

如图 6.19 所示,这两种孔加工方式,刀具以切削进给的方式加工到孔底,然后又以切削进给的方式返回 R 点平面,因此适用于精镗孔等情况。G89 指令在孔底增加了暂停,提高了阶梯孔台阶表面的加工质量。

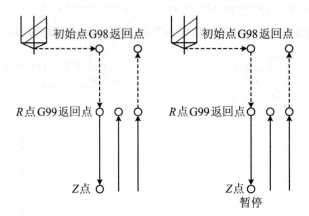

图 6.19　精镗孔与精镗阶梯孔

12. 取消固定循环指令(G80)

该指令能取消固定循环,R 点和 Z 点也同时被取消。

13. 重复固定循环简单应用

例　钻削如图 6.20 中的后 4 个孔,编制加工程序:

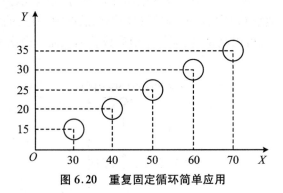

图 6.20　重复固定循环简单应用

　　　G90 G00 X20 Y10;

　　　G91 G98 G81 X10 Y5 Z－20 R－5 L4 F80;

当加工很多相同的孔时,应仔细分析孔的分布规律,合理使用重复固定循环,尽可能简化编程。本例中各孔按等间距线性分布,可以使用重复固定循环加工,即用地址 L 规定重复次数。采用这种方式编程,在进入固定循环之前,刀具不能直接定位在第一个孔的位置,而应向前移动一个孔的位置。因为在执行固定循环时,刀具要先定位后再执行钻孔动作。

使用固定循环时应注意以下几点:

① 固定循环指令前应使用 M03 或 M04 指令使主轴回转。

② 在固定循环程序段中,应至少指令 X、Y、Z、R 数据中的一个才能进行孔加工。

③ 在使用控制主轴回转的固定循环(G74、G84、G86)中,当连续加工一些孔间距比较小,或者初始平面到 R 点平面的距离比较短的孔时,会出现在进入孔的切削动作前,主轴还没有达到正常转速的情况。遇到这种情况时,应在各孔的加工动作之间插入 G04 指令,以获取时间。

④ 当用 G00～G03 指令注销固定循环时,若 G00～G03 指令和固定循环出现在同一程序段,则按后出现的指令运行。

⑤ 在固定循环程序段中,如果指定了 M,则在最初定位时送出 M 信号,等待 M 信号完成后,才能进行孔加工循环。

14. 使用固定循环功能注意事项

① 在使用固定循环之前,必须用辅助功能使主轴旋转。在固定循环方式中,其程序段必须有 X、Y、Z 轴(包括 R)的位置数据,否则不执行固定循环。

② 固定循环指令都是模态的,一旦指定,就一直有效,直到撤销固定循环指令出现。因此在后面的连续加工中就不必重新指定。如果仅仅是某个孔加工数据发生变化(如孔深变化),仅再写需要变化的数据即可。

③ 撤销固定循环指令除了 G80 外,G00、G01、G02、G03 也能起撤销作用,因此编程时要注意。

④ 在固定循环方式中,G43、G44 仍起着刀具长度补偿的作用。

⑤ 在固定循环运行中途,当复位或急停时,孔加工方式和孔加工数据还被存储着,所以在开始加工时要特别注意,使固定循环剩余动作进行完或取消固定循环。

例　如图 6.21 所示,工件要加工三种类型的孔:6 个 $\phi10$ mm 通孔、4 个 $\phi20$ mm 沉孔、3 个 $\phi50$ mm 通孔。使用刀具代码分别为 T1、T2、T3。Z 轴主轴端面作为编程起始点,采用刀具长度补偿功能 G43,3 把刀的长度补偿值分别存入 H1、H2、H3 中。

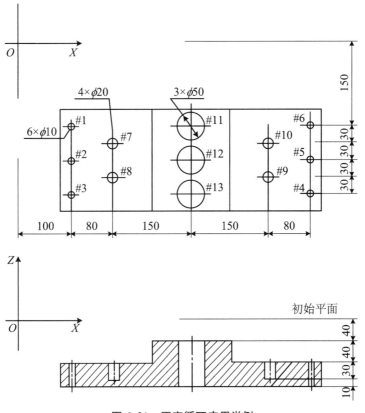

图 6.21　固定循环应用举例

加工程序如下：

N10 G92 X0 Y0 Z0；	
N20 G90 G00 Z200；	
N30 T1 M06；	
N40 G43 Z0 H1；	T1 长度补偿
N50 S600 M03；	
N60 G99 G81 X100 Y−150 Z−123 R−77F120；	钻孔循环,钻1♯孔,返回 R 面
N70 Y−210；	钻2♯孔,返回 R 面
N80 G98 Y−270；	钻3♯孔,返回初始面
N90 G99 X560；	钻4♯孔,返回 R 面
N100 Y−210；	钻5♯孔,返回 R 面
N110 G98 Y−150；	钻6♯孔,返回初始面
N120 G00 X0 Y0 M05；	
N130 G49 Z200；	取消长度补偿
N140 T2 M06；	换刀
N150 G43 Z0 H2；	T2 刀具长度补偿
N150 S300 M03；	
N170 G99 G82 X180 Y−180 Z−100 R−77 P300 F70；	钻7♯孔,孔底停300 ms返回 R 面
N180 G98 Y−240；	钻8♯孔,返回初始面
N190 G99 X480；	钻9♯孔,返回 R 面
N200 G98 Y−180；	钻10♯孔,返回初始面
N210 G00 X0 Y0 M05；	
N220 G49 Z200；	取消长度补偿
N230 T3 M00；	换刀
N240 G43 Z0 H3；	T3 长度补偿
N250 S200 M03；	
N260 G99 G85 X330 Y−150 Z−123 R−37 F50；	镗11♯孔,返回 R 面
N270 Y−210；	镗12♯孔,返回 R 面
N280 G98 Y−270；	镗13♯孔,返回初始面
N290 G90 G00 X0 Y0 M05；	返回参考点,主轴停
N300 G49 Z0；	取消长度补偿
N310 M30；	

15. 孔的检测

根据孔的加工精度要求及工件批量大小,常用检测方法及量具有:

① 精度不高的孔:使用游标卡尺。

② 精度较高的孔:使用内径百分表或内测千分尺。

③ 精度高且批量大的孔:使用内孔塞规。

16. 孔加工易出现问题及原因分析

(1) 钻孔易出现问题及原因分析

① 孔壁粗糙:钻头不锋利,进给量太大,后角太大,冷却润滑不充分。

② 孔径扩大:钻头两切削刃长度不等,钻头摆动。

③ 钻孔歪斜:钻头与工件表面不垂直;进给量太大,钻头歪斜;横刃太长,定心不良。

④ 钻头折断:用钝钻头钻孔;进给量太大;铁屑在螺旋槽中塞住;工件松动;钻孔已歪,仍继续钻削。

⑤ 钻头磨损过快:切削速度高且冷却不充分,钻头刃磨不好。

(2) 镗孔易出现问题及原因分析

① 表面粗糙度差:刀尖角或刀尖圆弧太小,进给量太大,刀具已磨损。

② 孔呈锥形:切削过程中刀具磨损,镗刀松弛。

③ 轴线歪斜:工件定位基准选择不当;装夹工件时,清洁工作没做好。

④ 圆度不好:工件装夹变形,主轴回转精度不好,刀杆刀具弹性变形。

⑤ 孔壁振纹:刀杆刚性差,工件夹持不当。

⑥ 孔径超差:镗刀回转半径调整不当,测量不准。

6.3　CDIO　项　目

CDIO 项目的运行过程、结题报告评分表及学生自评表分别如表 6.2~表 6.4 所示。

表 6.2　CDIO 运行过程详表

教学环节		预计时间(min)	任　务　活　动	备注
构思(Conceive)	学生分配	5	自由分组,每组 6 人左右。确定本项目的轮值组长、轮值班长、轮值记录、轮值助理、轮值卫生员	
	布置任务	10	轮值班长发放任务书和学生学习材料;轮值助理与各轮值组长开会讨论	
	小组讨论	30	组内讨论,初步进行组内分工,确定工作计划、初步的工作方案,并制作汇报文件	
	小组报告	45	组内发言人报告,内容至少包括: 1. 组内同学介绍; 2. 组内分工; 3. 初步工作方案; 4. 工作计划(甘特图); 5. 工作重点; 6. 大致分析所用到的知识; 7. 初步分析所用到的工具; 8. 预算所需费用; 9. 面临的困难和解决对策等	

续表

教学环节		预计时间(min)	任 务 活 动	备注
设计(Design)	小组方案设计	45	对报告内容进行全面讨论,确定报告中方案的可行性,并最终确定方案	
实现(Implement)	项目实施	360	每个小组根据确定的方案、小组成员分工、原定的工作方案和工作计划实施项目。 本项目内容包括: 1. 对该零件进行二次设计; 2. 分析该零件使用实训车间的哪一台机床加工合适,并说明理由; 3. 分析面临的困难,并提出解决办法; 4. 组内学习该项目运行过程中所用到的知识,部分指令可在机床上验证; 5. 组内讨论该零件加工时所用到的刀具及毛坯,并向老师申请,同时计算费用; 6. 结合实训车间现状,组内讨论该零件加工时所使用的装夹方法和夹具; 7. 根据刀具及机床的资料,确定加工进给速度、主轴转速等; 8. 确定加工工序,考虑到批量生产,组间同学可以联合组成生产线; 9. 核算加工时间; 10. 制作应急预案; 11. 在机床上加工该零件; 12. 对该零件进行测量,如果尺寸偏差过大,分析原因,改正不合理之处后重新加工; 13. 制作汇报文件	
运作(Operate)	项目运行	90	将加工好的零件交予东莞成田精密机械公司,由该公司按照使用要求检测,并由该零件的使用人实际装配该零件后给出中肯的意见	
	结题报告与答辩	45	小组发言人作结题报告,报告内容至少包括: 1. 项目实施过程; 2. 总结项目实施的亮点与不足; 3. 小组成员贡献与配合情况; 4. 学到了什么知识; 5. 该零件加工过程中的经验总结; 6. 该零件加工所使用的费用决算; 7. 该零件加工的工艺分析; 8. 该零件加工的时间及效率分析; 9. 工人试用的评价; 10. 若组间组成了生产线,详述生产线的分工及其与未组成生产线的效率比较; 11. 改进后的费用及效率分析; 12. 回答同学的提问	
	评价	10	1. 按照评价方法,由组长给出小组成员的排名。给出的成员排名依据是小组各成员的贡献、与他人的配合情况等,采用民主的方法评判。 2. 合作企业及教师为学生评价	

表 6.3 结题报告评分表

序号	评 价 指 标	差	中	好	很好	优
1	目标明确	1	2	3	4	5
2	重点阐述明确	1	2	3	4	5
3	与听者有很好的交流	1	2	3	4	5
4	能很好地运用声音	1	2	3	4	5
5	演讲者之间转换流畅	1	2	3	4	5
6	着装、手势等	1	2	3	4	5

表 6.4 项目运行学生自评表

评价项目	评 价 内 容	分值	分数
过程考核	作业	10%	
	实操情况	10%	
	学习情况	10%	
CDIO 设计与实现	项目构思(报告＋演讲)	10%	
	项目过程	20%	
	企业工人试用评价	10%	
	项目运作(成品＋报告与答辩＋互评)	30%	
总　　分			

思考与作业

1. 请指出数控铣床固定循环的 6 个步骤。
2. 请写出加工右旋螺纹的指令格式。
3. 请指出 G83 固定循环的动作。

项目7 用户宏程序的应用

7.1 提 出 问 题

某汽车配件制造厂需要制造一套冲压模具,此模具能冲压出椭圆的塑料片。图7.1所示是模具中的凸模,由于该工厂的技术人员设计完凸模后有事出差,请你帮其设计出凹模,并将凸模和凹模加工出来。

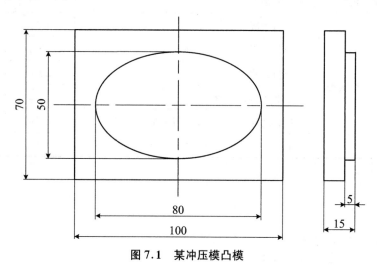

图7.1 某冲压模凸模

7.2 所 需 知 识

7.2.1 变量

普通加工程序直接用数值指定 G 代码和移动距离,如 G01 和 X100.0。使用用户宏程序时,数值可以直接指定或用变量指定。当用变量时,变量值可用程序或用 MDI 面板上的操作改变,即

  ♯1 = ♯2 + 100;

  G01 X♯1 F300;

说明:

(1) 变量的表示

计算机允许使用变量名,用户宏程序不允许使用。变量用变量符号(♯)和后面的变量号指定,如♯1。表达式可以用于指定变量号。此时,表达式必须封闭在括号中。例如:

　　♯[♯1+♯2-12];

(2) 变量的类型

变量根据变量号可以分成四种类型,如表 7.1 所示。

表 7.1　变量类型

变量号	变量类型	功　　能
♯0	空变量	该变量总是空,没有值能赋给该变量
♯1～♯33	局部变量	局部变量只能用在宏程序中存储数据,如运算结果。当断电时,局部变量被初始化为空;调用宏程序时,自变量对局部变量赋值
♯100～♯199 ♯500～♯999	公共变量	公共变量在不同的宏程序中的意义相同。当断电时,变量♯100～♯199 初始化为空。变量♯500～♯999 的数据保存,即使断电也不会丢失
♯1000 及其以上	系统变量	系统变量用于读和写 CNC 运行时各种数据的变化,如刀具的当前位置和补偿值

(3) 变量值的范围

局部变量和公共变量可以有 0 值或 -10^{47}～-10^{-29}、-10^{-2}～-10^{47}范围中的值。如果计算结果超出有效范围,则发出 P/S 报警 NO.111。

(4) 小数点的省略

当在程序中定义变量值时,小数点可以省略。

例如:当定义♯1=123 时,变量♯1 的实际值是 123.000。

(5) 变量的引用

为在程序中使用变量值,指定后跟变量号的地址。当用表达式指定变量时,要把表达式放在括号中。例如:

　　　　　　　　G01X[♯1+♯2]F♯3;

被引用变量的值根据地址的最小设定单位自动地舍入。例如:当 G00X♯1 以 1/1000 mm 的单位执行时,CNC 把 1.23456 赋值给变量♯1,实际指令值为 G00X1.2346。

改变引用变量的值的符号,要把负号(-)放在♯的前面。例如:

　　　　　　　　G00X-♯1;

当引用未定义的变量时,变量及地址都被忽略。例如:当变量♯1 的值是 0,并且变量♯2 的值是空时,G00X♯1 Y♯2 的执行结果为 G00X0。

(6) 未定义的变量

当变量值未定义时,这样的变量成为空变量。变量♯0 总是空变量,它不能写,只能读。

① 空变量的引用。当引用一个未定义的变量时,地址本身也被忽略。如表 7.2 所示。

表 7.2　空变量的引用

当#1=<空>	当#1=0
G90 X100 Y#1	G90 X100 Y#1
↓	↓
G90 X100	G90 X100 Y0

② 空变量的运算。除了用<空>赋值以外,其余情况下<空>与 0 相同。如表 7.3 所示。

表 7.3　空变量的运算

当#1=<空>时	当#1=0 时
#2 = #1	#2 = #1
↓	↓
#2=<空>	#2=0
#2 = #1 * 5	#2 = #1 * 5
↓	↓
#2=0	#2=0
#2 = #1+ #1	#2 = #1+ #1
↓	↓
#2=0	#2=0

③ 空变量的条件表达式。EQ 和 NE 中的<空>不同于 0。如表 7.4 所示。

表 7.4　空变量的条件表达式

当#1=<空>时	当#1=0 时
#1 EQ #0	#1 EQ #0
↓	↓
成立	不成立
#1 NE #0	#1 NE #0
↓	↓
成立	不成立
#1 GE #0	#1 GE #0
↓	↓
成立	不成立
#1 GT #0	#1 GT #0
↓	↓
不成立	不成立

(7) 不能使用的情形

程序号、顺序号和任选程序段跳转号不能使用变量。如下情况不能使用变量:

0#1;

N#2G00X100.0;

N#3Y200.0;

7.2.2 算术和逻辑运算

表7.5中列出的运算可以在变量中执行。运算符右边的表达式可包含常量和或由函数或运算符组成的变量。表达式中的变量♯j和♯k可以用常数赋值。左边的变量也可以用表达式赋值。

表 7.5 变量的运算

功　　能	格　　式	备　　注
定义	♯i＝♯j	
加法 减法 乘法 除法	♯i＝♯j＋♯k； ♯i＝♯j－♯k； ♯i＝♯j＊♯k； ♯i＝♯j/♯k；	
正弦 反正弦 余弦 反余弦 正切 反正切	♯i＝SIN［♯j］； ♯i＝ASIN［♯j］； ♯i＝COS［♯j］； ♯i＝ACOS［♯j］； ♯i＝TAN［♯j］； ♯i＝ATAN［♯j］；	角度以度数指定,90°30′ 表示为90.5°
平方根 绝对值 舍入 上取整 下取整 自然对数 指数函数	♯i＝SQRT［♯j］； ♯i＝ABS［♯j］； ♯i＝ROUND［♯j］； ♯i＝FIX［♯j］； ♯i＝FUP［♯j］； ♯i＝LN［♯j］； ♯i＝EXP［♯j］；	
或 异或 与	♯i＝♯jOR♯k； ♯i＝♯jXOR♯k； ♯i＝♯jAND♯k；	逻辑运算一位一位地按 二进制数执行
从 BCD 转为 BIN 从 BIN 转为 BCD	♯i＝BIN［♯j］； ♯i＝BCD［♯j］；	用于与 PMC 的信号交换

说明:

(1) 角度单位

函数 SIN、COS、ASIN、ACOS、TAN 和 ATAN 的角度单位是度。如 90°30′表示为90.5°。

(2) ARCSIN ♯ i＝ ASIN［♯j］

① 取值范围如下:

a. 当参数(NO.6004♯0)NAT 位设为 0 时,270°~90°。

b. 当参数(NO.6004♯0)NAT 位设为 1 时,－90°~90°。

② 当♯j 超出－1~1 的范围时,发出 P/S 报警 NO.111。

③ 常数可替代变量♯j。

(3) ARCCOS ♯i＝ACOS[♯j]

① 取值范围为 $180°\sim0°$。

② 当♯j超出－1～1的范围时，发出 P/S 报警 NO.111。

③ 常数可替代变量♯j。

(4) ARCTAN ♯i＝ ATAN[♯j]/[♯k]

① 指定两个边的长度，并用斜杠(/)分开。

② 取值范围如下：

a. 当 NAT 位(参数 NO.6004,♯0)设为 0 时,$0°\sim360°$。

b. 当 NAT 位(参数 NO.6004,♯0)设为 1 时;$-180°\sim180°$。

③ 常数可替代变量♯j。

(5) **自然对数 ♯i＝LN[♯j]**

① 注意,相对误差可能大于 8。

② 当反对数(♯j)为 0 或小于 0 时,发出 P/S 报警 NO.111。

③ 常数可替代变量♯j。

(6) **指数函数 ♯i＝EXP[♯j]**

① 注意,相对误差可能大于 8。

② 当运算结果超过 3.65X1047(j 大约是 110)时,出现溢出,并发出 P/S 报警 NO.111。

③ 常数可替代变量♯j。

(7) **ROUND(舍入)函数**

① 当算术运算或逻辑运算指令 IF 或 WHILE 中包含 ROUND 函数时,则 ROUND 函数在第一个小数位置四舍五入;当执行♯1＝ROUND[♯2]时,此处♯2＝1.2345,变量 1 的值是 1.0。

② 当在 NC 语句地址中使用 ROUND 函数时,ROUND 函数根据地址的最小设定单位将指定值四舍五入。

(8) **上取整与下取整**

CNC 处理数值运算时,若操作后产生的整数绝对值大于原数的绝对值,则为上取整;若小于原数的绝对值,则为下取整(对于负数的处理应特别注意)。

(9) **算术与逻辑运算指令的缩写**

程序中指令函数时,函数名的前两个字符可以用于指定该函数。例如：

　　　ROUND→RO;

　　　FLX→FL;

(10) **运算次序**

① 函数。

② 乘和除运算。

③ 加和减运算。

(11) **括号嵌套**

括号用于改变运算次序,括号最多可以使用 5 级(包括函数内部使用的括号)。当超过 5 级时,出现 P/S 报警 NO.118。

(12) 运算误差

运算时,可能出现误差:

① 变量值的精度约为 8 位十进制数。当在加/减速中处理非常大的数时,将得不到期望的结果。

② 还应该意识到,使用条件表达式 EQ、NE、GE、GT、LE 和 LT 时可能造成误差。

③ 使用下取整指令时应小心。

(13) 除数

当在除法或 TAN[90]中指定为 0 的除数时,出现 P/S 报警 NO.112。

7.2.3　宏程序语句和 NC 语句

下面的程序段为宏程序语句:

① 包含算术或逻辑运算的程序段。

② 包含控制语句的程序段。

③ 包含宏程序调用指令的程序段。

除了宏程序以外的任何程序段都为 NC 语句。

说明:

① 与 NC 语句的不同:

a. 即使置于单程序段运行方式,机床也不停止。但是,当参数 N0.6000♯5SBM 设定为 1 时,在单程序段方式中,机床停止。

b. 在刀具半径补偿方式中,宏程序语句段不作为不移动程序段处理。

② 与宏程序语句有相同性质的 NC 语句:

a. 含有子程序调用指令,但没有除 O、N 或 L 地址之外的其他地址指令的 NC 语句性质与宏程序相同。

b. 不包含除 ONP 或 L 以外的指令地址的程序段,其性质与宏程序语句相同。

7.2.4　转移和循环

在程序中,使用 GOTO 语句和 IF 语句可以改变控制的流向,有 3 种转移和循环操作可供使用:

(1) GOTO 语句(无条件转移)

转移到标有顺序号 N 的程序段,当指定 1～99999 以外的顺序号时,出现 P/S 报警 NO.128。可用表达方式指定顺序号:

　　　GOTOn;

其中,n 为顺序号(1～99999)。

(2) IF 语句(条件转移)

IF 之后指定条件表达式:

　　　IF[<条件表达式>]GOTOn;

如果指定的条件表达式满足,转移到标有顺序号 n 的程序段;如果指定的条件表达式不

满足,执行下一个程序段:

IF[<条件表达式>]THEN;

如果条件表达式满足,执行预先决定的宏程序语句且只执行一个宏程序语句。

说明:

① 条件表达式。条件表达式必须包括算符,算符插在两个变量中间或变量和常数中间,并且用括号"[]"封闭,表达式可以替代变量。

② 运算符。运算符由两个字母组成,用于两个值的比较,以决定他们是相等还是不相等,如表7.6所示。

注意:不能使用数学符号。

表7.6 逻辑运算符

运算符	含义	运算符	含义
EQ	等于	GE	小于或等于
NE	不等于	LT	小于
GT	大于	LE	小于或等于

例 下面的程序计算数值1~10的总和。

09500;
#1=0;   存储和数变量的初值
#2=1;   被加数变量的初值
N1 IF[#2 GT 10]GOTO 2;   当被加数大于10时,转移到N2
#1=#1+#2;   计算和数
#2=#2+#1;   下一个被加数
GOTO1;   转到N1
N2 M30 ;   程序结束

(3) WHILE 语句(当……时循环)

在WHILE后指定一个条件表达式,当指定条件满足时,执行从DO到END之间的程序;否则,转到END后的程序段。

说明:"当指定的条件满足时,执行从DO到END之间的程序;否则,转而执行END之后的程序段",这种指令格式适用于IF语句。DO后的符号和END后的符号是指定程序执行范围的标号,标号值为1、2、3。若用1、2、3以外的值会产生P/S报警NO.126。

在DO-END循环中,标号可根据需要多次使用。但是,当程序有交叉重复循环(DO范围的重叠)时,出现P/S报警NO.124。

说明:

① 无限循环:当指定DO而没有指定WHILE语句时,产生从DO到END的无限循环。

② 处理时间:当在GOTO语句中有标号转移的语句时,进行顺序号检索,反向检索的时间要比正向检索长,用WHILE语句实现循环可减少处理时间。

③ 未定义的变量:在使用EQ或NE的条件表达式中,<空>和零有不同的效果,在其他形式的条件表达式中,<空>被当作零。

7.2.5　宏程序调用

1. 非模态调用(G65)

当指定 G65 时,以地址 P 指定的用户宏程序被调用。数据能传递到用户宏程序体中。

调用格式:G65 P＊＊＊＊L＊＊＊＊＜自变量＞;

说明:

① 在 G65 之后,用地址 P 指定要调用的用户宏程序的程序号。

② 当要求重复时,在地址 L 后指定从 1～9999 的重复次数。省略时,认为 L 等于 1。

③ 使用自变量指定,其值被赋值到相应的局部变量。可用两种形式的自变量指定:

自变量指定Ⅰ:使用除了 G、L、O、N 和 P 以外的字母,每个字母指定 1 次,如表 7.7 所示。

自变量指定Ⅱ:使用 A、B、C 和 I、J 和 K(I 为 1～10),根据使用的字母,自动地改变自变量指定的类型,如表 7.8 所示。

表 7.7　自变量指定Ⅰ

地址	变量号	地址	变量号	地址	变量号
A	#1	I	#4	T	#20
B	#2	J	#5	U	#21
C	#3	K	#6	V	#22
D	#7	M	#13	W	#23
E	#8	Q	#17	X	#24
F	#9	R	#18	Y	#25
H	#11	S	#19	Z	#26

说明:

① 地址 G、L、N、Q 和 P 不能在自变量中使用。

② 不需要指定的地址可以省略,对应于省略地址的局部变量设为空。

③ 地址不需要按字母顺序指定,但应符合字地址的格式;而 I、J 和 K 需要按字母顺序指定。

④ 自变量地址Ⅱ使用 A、B 和 C 各 1 次,使用 I、J 和 K 各 10 次。

表 7.8　自变量指定Ⅱ

地址	变量号	地址	变量号	地址	变量号
A	#1	K3	#12	J7	#23
B	#2	I4	#13	K7	#24
C	#3	J4	#14	I8	#25
I1	#4	K4	#15	J8	#26
J1	#5	I5	#16	K8	#27
K1	#6	J5	#17	I9	#28
I2	#7	K5	#18	J9	#29
J2	#8	I6	#19	K9	#30
K2	#9	J6	#20	I10	#31
L3	#10	K6	#21	J10	#32
J3	#11	I7	#22	K10	#33

注:I,J 和 K 的下标用于确定自变量指定的顺序,在实际编程中不写。

说明：

① 格式：任何自变量前必须指定 G65。

② 自变量指定 I 和 II 的混合：CNC 内部自动识别自变量指定 I 和 II，如果自变量指定 I 和自变量指定 II 混合指定的话，后指定的自变量类型有效。

③ 小数点的位置：没有小数点的自变量数据的单位为各地址的最小设定单位。传递的没有小数点的自变量的值，根据机床实际的系统配置变化。在宏程序调用中使用小数点可使程序兼容性好。

④ 调用嵌套：调用可以嵌套 4 级，包括非模态调用(G65)和模态调用(G66)，但不包括子程序调用(M98)。局部变量的级别：

a. 局部变量嵌套从 0～4 级；

b. 主程序为 0 级；

c. 宏程序每调用 1 次，局部变量级别加 1，前 1 级的局部变量值保存在 CNC 中；

d. 当宏程序中执行 M99 时，控制返回到调用的程序，局部变量级别减 1，并恢复宏程序调用时保存的局部变量值。

例　编制一个宏程序加工轮圆上的孔。圆周的半径为 I，起始角为 A，间隔为 B，钻孔数为 H，圆的中心是 (X, Y)，指令可以用绝对值或增加量指定。顺时针方向钻孔时 B 应指定负值。

调用格式：G95 P9100 Xx Yy Zz Rr Li Aa Bb Hh；

其中：X——圆心的 X 坐标(绝对值或增量值的指定)($\sharp$24)；

　　　Y——圆心的 Y 坐标(绝对值或增量值的指定)($\sharp$25)；

　　　Z——孔深($\sharp$26)；

　　　R——快速趋近点坐标($\sharp$18)；

　　　F——切削进给速度($\sharp$9)；

　　　I——圆半径($\sharp$4)；

　　　A——第一孔的角度($\sharp$1)；

　　　B——增量角(指定负值时为顺时针)($\sharp$2)；

　　　H——孔数($\sharp$11)。

宏程序调用程序：

```
O0002；
G90 G92 X0 Y0 Z100.0；
G65P9100 X100.0 Y50.0 R30.0 Z50.0 F500 I100.0 A0 B45.0 H5；
M30；
```

宏程序：

```
09100；
#3＝#4003；                  存储 03 组 G 代码
G81 Z#26 R#18 F#9 L0；        钻孔循环
IF[#3 EQ 90] GOTO 1；        以 G90 方式转移到 N1
#24＝#5001＋#24；             计算圆心的 X 坐标
#25＝#5001＋#25；             计算圆心的 Y 坐标
N1 WHILE[#11 GT0] DO1；       直到剩余孔数为 0
#5＝#24＋#4＊COS[#1]；        计算 X 轴上的孔位
#6＝#25＋#4＊SIN[+1]；        计算 X 轴上的孔位
```

```
G90 X♯5 Y♯6；              移动到目标位置之后执行钻孔
♯1＝♯1＋♯2；               更新角度
♯11＝♯11－1；              孔数－1
END 1；
G♯3 G80；                  返回原始状态的 G 代码
M99；
```

宏程序调用(G65)不同于子程序调用(M98)，如下所述：

① 调用 G65 可以指定自变量(数据传送到宏程序)，M98 没有该功能。

② 当 M98 程序段包含另一个 NC 指令时，在指令执行之后调用子程序，而 G65 无条件地调用宏程序。

③ M98 程序段包含另一个 NC 指令时，在单程序段方式中，机床停止，而 G65 机床不停止。

④ 用 G65 调用宏程序，改变局部变量的级别；用 M98 调用子程序，不改变局部变量的级别。

2. 模态调用(G66)

指令 G66 指定模态调用，即指定沿移动轴移动的程序段后调用宏程序，而 G67 取消模态调用。

调用格式：G65 P＊＊＊＊L＊＊＊＊＜自变量＞；

说明：

① 在 G66 之后，用地址 P 指定模态调用的程序号。

② 当要求重复时，在地址 L 后指定从 1～9999 的重复次数。

③ 与非模态调用(G65)相同，自变量指定的数据传递到宏程序体中。

④ 指定 G67 代码时，其后的程序段不再执行模态宏程序调用。

⑤ 调用可以嵌套 4 级，包括非模态调用(G65)和模态调用(G66)，但不包括子程序调用(M98)。

限制：

① 在 G66 程序段中，不能调用多个宏程序。

② G66 必须在自变量之前指定。

③ 在只有诸如辅助功能但无移动指令的程序段中不能调用宏程序。

④ 局部变量(自变量)只能在 G66 程序段中指定。

注意：每次执行模态调用时，不再设定局部变量。

例 用宏程序编制 G81 固定循环的操作，加工程序使用模态调用。为了简化程序，使用绝对值指定全部的钻孔数据。

调用格式：G65 P9110 Xx Yy Zz Rr Ff Ll；

其中：X——孔的 X 坐标(由绝对值指定)(♯24)；

  Y——孔的 Y 坐标(由绝对值指定)(♯25)；

  Z——Z 点坐标(由绝对值指定)(♯26)；

  R——R 点坐标(由绝对值指定)(♯18)；

  F——切削进给速度(♯9)；

  L——重复次数。

主程序：

  00001；

  G28 G91 X0 Y0 Z0；

  G92 X0 Y0 Z50.0；

  G00 G90 X100.0 Y50.0；

  G66 P9110 Z－20.0 R.0 F500；

  G90 X20.0 Y20.0；

  X50.0；

  X0.0 Y80.0；

  G67；

  M30；

宏程序(被调用的程序)：

  09110；

  #1＝#4001；   贮存 G00/G01

  #2＝#4003；   贮存 G90/G91

  #3＝#4109；   贮存切削进给速度

  #5＝#5003；   贮存钻孔开始的 Z 坐标

  G00 G90 Z#18；   定位在 R 点

  G01 Z#26 F#9；   切削进给到 Z 点

  IF［#4010 EQ 98］GOTO1； 返回到 1 点

  G00 Z#18；   定位在 R 点

  GOTO 2；

  N1 G00 Z#5；   定位在 1 点

  N2 G#1 G#3 F#4；   恢复模态信息

  M99；

3．用 G 代码调用宏程序

在参数中设置调用宏程序的 G 代码,可以与非模态调用(G65)同样的方法用该代码调用宏程序。

说明:在参数(NO.6050～NO.6059)中设置调用用户宏程序(09010～09019)的 G 代码号(1～9999),调用用户宏程序的方法与 G65 相同。例如:设置参数,使宏程序 09010 由 G81调用,不用修改加工程序,就可以调用由用户宏程序编制的加工循环。各参数与程序号之间的对应关系,如表 7.9 所示。

表 7.9　参数号和程序号之间的对应关系(Ⅰ)

程序号	参数号	程序号	参数号
09010	6050	09015	6055
09011	6051	09016	6056
09012	6052	09017	6057
09013	6053	09018	6058
09014	6054	09019	6059

说明:

① 地址 L 可以指定从 1～9999 的重复次数。

② 两种自变量指定是有效的。

③ 使用 G 代码的宏调用的嵌套,在 G 代码调用的程序中,不能用一个 G 代码调用多个宏程序。这种程序中的 G 代码被处理为普通 G 代码。在用 M 或 T 代码作为子程序调用的程序中,不能用一个 G 代码调用多个宏程序,这种程序中的 G 代码也处理为普通 G 代码。

4. 用 M 代码调用宏程序

在参数中设置调用宏程序的 M 代码,与非模态调用(G65)的方法一样,可用该代码调用宏程序。

说明:在参数(NO.6080~NO.6089)中设置调用用户宏程序(09021~09029)的 M 代码(1~99999999),用户宏程序能以与 G65 同样的方法调用。各参数号和程序之间的对应关系如表 7.10 所示。

表 7.10　参数号和程序号之间的对应关系(Ⅱ)

程序号	参数号	程序号	参数号
09020	6080	09025	6085
0902	6081	09026	6086
09022	6082	09027	6087
0902	6083	09028	6088
09024	6084	09029	6089

说明:

① 地址 L 可以指定 1~9999 的重复次数。

② 两种自变量指定是有效的。

③ 调用宏程序的 M 代码必须在程序段的开头指定。

④ 在用 G 代码调用的宏程序或用 M 代码或 T 代码作为子程序调用的程序中,不能用一个 M 代码调用多个宏程序。这种宏程序或程序中的 M 代码被处理为普通 M 代码。

5. 用 M 代码调用子程序

在参数中设置调用子程序(宏程序)的 M 代码号,可以与子程序调用(M98)相同的方法用该代码调用子程序。

说明:在参数(NO.6071~NO.6079)中设置调用子程序的 M 代码(1~99999999),相应的用户宏程序(09001~09009)可以与 M98 同样的方法用该代码调用。

表 7.11　参数号和程序号之间的对应关系

程序号	参数号	程序号	参数号
09001	6071	09006	6076
09002	6072	09007	6077
09003	6073	09008	6078
09004	6074	09009	6079
09005	6075		

说明:

① 地址 L 可以指定 1~9999 的重复次数。

② 不允许自变量指定。

③ 在宏程序中调用的 M 代码被处理为普通的 M 代码。

④ 在用 G 代码调用的宏程序或用 M 或 T 代码调用的程序中,使用一个 M 代码不能调用几个子程序。这种宏程序或程序中的 M 代码被处理为普通的 M 代码。

6. 用 T 代码调用宏程序

在参数中设置调用的子程序(宏程序)的 T 代码,每当在加工程序中指定该 T 代码时,即调用宏程序。

说明:

① 调用:设置参数 NO.6001 的 5 位 TCS＝1,当在加工程序中指定 T 代码时,可以调用宏程序 09000。在加工程序中,将指定的 T 代码赋值到公共变量♯149。

② 限制:在用 G 代码调用的宏程序或用 M 或 T 代码调用的程序中,使用一个 M 代码不能调用多个子程序。这种宏程序或程序中的 T 代码被处理为普通 T 代码。

例 用 M 代码调用子程序的功能,调用测量每把刀具的累积使用时间的宏程序。

条件:

① 测量 T01～T05 各刀具的累积使用时间(刀号大于 T05 的刀具不进行测量)。

② 表 7.12 中的变量用于贮存刀号和测量的时间。

表 7.12 各变量的含义

变量	含义	变量	含义
♯501	刀号 1 累积使用时间	♯504	刀号 4 累积使用时间
♯502	刀号 2 累积使用时间	♯505	刀号 5 累积使用时间
♯503	刀号 3 累积使用时间		

③ 当指定 M03 时,开始计算使用时间;当指定 M05 时,停止计算。在循环启动灯亮期间,用系统变量♯3002 测量该时间。进给暂停或单段停止期间不计算时间,但要计算换刀和交换工作台的时间。

参数设置:参数 NO.6071 中设置 3,参数 NO.6072 中设置 05。

变量值的设置:变量♯501 到♯505 中设置 0。

主程序:

```
O0001;
T01 M06;
M03;
M05;          改变♯501
T02 M06;
M03;
M05;          改变♯503
T05 M06;
M03;
M05;          改变♯504
T05 M06;
M03;
M05;          改变♯505
```

　　　　M30；

　　宏程序（被调用的程序）：

　　　　O9001（M03）；　　　　　　　　　　　　　启动计算的宏程序

　　　　N01；

　　　　IF［♯4120 EQ 0］GOTO9；　　　　　　　没有指定刀具

　　　　IF［♯4120 GT 5］GOTO9；　　　　　　　超出刀号范围

　　　　♯3002＝0；　　　　　　　　　　　　　计算器清零

　　　　N9 M03；　　　　　　　　　　　　　　以正向旋转主轴

　　　　M99；

　　　　O9002（M05）；　　　　　　　　　　　　结束计算的宏程序

　　　　M01；

　　　　IF［♯4120 EQ 0］GOTO9；　　　　　　　没有指定刀具

　　　　IF［♯4120 GT 5］GOTO9；　　　　　　　超出刀号范围

　　　　♯［500＋♯120］＝♯3002＋♯［500＋4120］；　计算累积时间

　　　　N9 M05；　　　　　　　　　　　　　　停止主轴

　　　　M99；

7.2.6　用户宏程序的存储

　　用户宏程序与子程序相似，可用与子程序同样的方法进行存储和编程，存储容量由子程序和宏程序的总容量确定。

7.2.7　宏程序的限制

　　① MDI 方式运行：在 MDI 方式中可以指定宏程序调用指令。但是，在自动运行期间，宏程序调用不能切换到 MDI 方式。

　　② 顺序号检索：用户宏程序正在执行，在单程序段方式时，程序段也能停止。包含宏程序调用指令（G65、G66 或 G67）的程序段中，即使在单程序段方式时也不能停止。当设定 SBM（参数 NO.6000 的 5 位）为 1 时，包含算术运算指令和控制指令的程序段可以停止。单程序段运行用于调试用户宏程序。

　　注意：在刀具半径补偿方式中，当宏程序语句中出现单程序段停止时，该语句被认为不包含移动的程序段，并且在某些情况下，不能执行正确的补偿。

　　③ 任选程序段跳过：在＜表达式＞中间出现的"/"符号被认为是除法运算符，不作为任选程序段跳过代码。

　　④ 在 EDIT 方式中的运行：设定参数 NE8 和 NE9 为 1，可对程序号 8000～8999 和 9000～9999 的用户宏程序和子程序进行保护。当存储器全清时，存储器的全部内容包括宏程序都被清除。

　　⑤ 复位：当复位时，局部变量和♯100～♯149 的公共变量被清除为空值。设定 CLV 和 CCV，它们可以不被清除。系统变量♯1000～♯1333 不被清除。复位操作清除任何用户宏程序和子程序的调用状态及 DO 状态并返回到主程序。

　　⑥ 程序再启动的显示：和 M98 一样，子程序调用使用的 M、T 代码不显示。

⑦ 进给暂停:在宏程序语句的执行期间,进给暂停有效时,当宏语句执行之后机床停止。当复位或出现报警时,机床也停止。

⑧ <表达式>中可以使用的常数区间为 + 0.0000001~ + 99999999 和 − 99999999~ − 0.0000001。有效数值是 8 位(十进制),如果超过这个范围,则出现 P/S 报警 NO.003。

7.3 CDIO 项 目

CDIO 项目运行过程、结题报告评分表及学生自评表分别如表 7.13~表 7.15 所示。

表 7.13　CDIO 运行过程详表

教学环节		预计时间(min)	任 务 活 动	备注
构思(Conceive)	学生分配	5	自由分组,每组 6 人左右。确定本项目的轮值组长、轮值班长、轮值记录、轮值助理、轮值卫生员	
	布置任务	10	轮值班长发放任务书和学生学习材料,轮值助理与各轮值组长开会讨论	
	小组讨论	30	组内讨论,初步进行组内分工,确定工作计划、初步的工作方案,并制作汇报文件	
	小组报告	45	组内发言人报告,内容至少包括: 1. 组内同学介绍; 2. 组内分工; 3. 初步工作方案; 4. 工作计划(甘特图); 5. 工作重点; 6. 大致分析所用到的知识; 7. 初步分析所用到的工具; 8. 预算所需费用; 9. 面临的困难和解决对策等	
设计(Design)	小组方案设计	45	对报告内容进行全面讨论,确定报告中方案的可行性,并最终确定方案	
实现(Implement)	项目实施	360	每个小组根据确定的方案、小组成员分工、原定的工作方案和工作计划实施项目。 本项目内容包括: 1. 对该凹模进行设计; 2. 分析该零件使用实训车间的哪一台机床加工合适,并说明理由; 3. 分析面临的困难,并提出解决办法; 4. 组内学习该项目运行过程中所用到的知识,部分指令可在机床上验证; 5. 组内讨论该模具加工所用到的刀具及毛坯,并向老师申请,同时计算费用;	

教学环节		预计时间（min）	任　务　活　动	备注
实现（Implement）	项目实施	360	6. 结合实训车间现状，组内讨论该模具加工所使用的装夹方法和夹具； 7. 根据刀具及机床的资料，确定加工进给速度、主轴转速等； 8. 确定加工工序，考虑到批量生产，组间同学可以联合组成生产线； 9. 核算加工时间； 10. 制作应急预案； 11. 在机床上加工该模具； 12. 对该模具进行测量，如果尺寸偏差过大，分析原因，改正不合理之处后重新加工； 13. 制作汇报文件	
运作（Operate）	项目运行	90	将加工好的模具交予该汽车配件厂，由汽车配件厂按照使用要求检测，并由该模具的使用人实际装配模具后给出中肯的意见	
	结题报告与答辩	45	小组发言人作结题报告，报告内容至少包括： 1. 项目实施过程； 2. 总结项目实施的亮点与不足； 3. 小组成员贡献与配合情况； 4. 学到了什么知识； 5. 该模具加工过程中的经验总结； 6. 该模具加工所使用的费用决算； 7. 该模具加工的工艺分析； 8. 该模具加工的时间及效率分析； 9. 工人试用的评价； 10. 若组间组成了生产线，详述生产线的分工及其与未组成生产线的效率比较； 11. 改进后的费用及效率分析； 12. 回答同学的提问	
	评价	10	1. 按照评价方法，由组长给出小组成员的排名。给出排名的成员依据是小组各成员的贡献、与他人的配合情况等，采用民主的方法评判。 2. 合作企业及教师为学生评价	

表 7.14　结题报告评分表

序　号	评　价　指　标	差	中	好	很好	优
1	目标明确	1	2	3	4	5
2	重点阐述明确	1	2	3	4	5
3	与听者有很好的交流	1	2	3	4	5
4	能很好地运用声音	1	2	3	4	5
5	演讲者之间转换流畅	1	2	3	4	5
6	着装、手势等	1	2	3	4	5

表 7.15　项目运行学生自评表

评价项目	评 价 内 容	分值	分数
过程考核	作业	10%	
	实操情况	10%	
	学习情况	10%	
CDIO 设计与实现	项目构思(报告＋演讲)	10%	
	项目过程	20%	
	企业工人试用评价	10%	
	项目运作(成品＋报告与答辩＋互评)	30%	
总　　分			

思考与作业

1. 变量有哪些类型?
2. 转移语句有哪些?
3. 用 G 代码如何调用宏程序?

项目8 自动编程加工

8.1 提 出 问 题

某纺织厂设备出现故障，其中一个零件上的螺纹孔因磨损严重而失效，短时间内无法从市场上匹配到同样型号和材质的零配件，现需将该零件上的 M 24 mm×2 mm 的螺纹孔改制成 M 30 mm×2 mm 的螺纹孔。如果采用手工攻丝的方法，还需从市场上购买 M 30 mm×2 mm 的丝锥，价格较高，利用率低，且对于该尺寸的螺纹孔，采用手工攻丝的方法较为困难。该纺织厂负责人听说学校实训车间有数控铣床，现请你帮助使用自动编程加工方式完成对该零件上螺纹孔的改制，如图 8.1 所示。

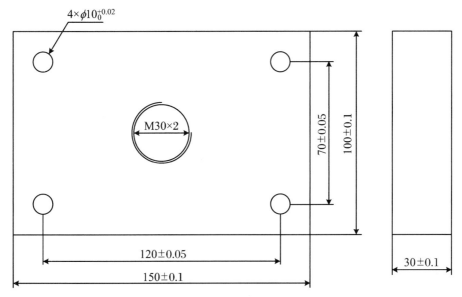

图 8.1 某纺织厂设备上需改制的零件

8.2 所 需 知 识

8.2.1 自动编程的主要特点

所谓自动编程就是借助计算机及其外围设备自动完成零件图构造、零件加工程序编制等工作的一种编程方法,也称计算机辅助编程。与手工编程相比,自动编程速度快、质量好,这是因为自动编程具有以下主要特点:

1. 数学处理能力强

对轮廓形状不是由简单的直线、圆弧组成的复杂零件,特别是空间曲面零件,以及几何要素虽不复杂,但程序量很大的零件,计算相当烦琐,采用手工程序编制是难以完成的。例如,对一般的二次曲线轮廓,手工编程必须采用直线或圆弧逼近的方法,算出各节点坐标值,其中列算式、解方程,虽说能借助计算器进行计算,但工作量之大是难以想象的。而自动编程借助计算机强大的数学处理能力,只需输入二次曲线的描述语句,就能自动计算出加工曲线的刀具轨迹,快速而又准确。功能较强的自动编程系统还能处理手工编程难以胜任的二次曲面和特种曲面。

2. 能快速、自动生成数控程序

对非圆曲线的轮廓加工,手工编程即使解决了节点坐标的计算,也往往因为节点数过多、程序段很大而使编程工作既慢又容易出错。自动编程的一大优点就是在完成刀具运动轨迹的计算之后,后置处理程序能在极短的时间内自动生成数控程序,且数控程序不会出现语法错误。当然自动生成程序的速度还取决于计算机硬件的配置,配置越高,速度越快。

3. 后置处理程序灵活多变

同一个零件在不同的数控机床上加工,由于数控系统的指令形式不尽相同,机床的辅助功能也不一样,伺服系统的特性也有差别。因此,数控程序也是不一样的。但在前置处理过程中,大量的数学处理、轨迹计算却是一致的。这就是说,前置处理可以通用化,只要稍微改变一下后置处理程序,就能自动生成适用于不同数控机床的数控程序来。后置处理相比前置处理,工作量要小得多,程序简单得多,因而它灵活多变。对于不同的数控机床,取用不同的后置处理程序,等于完成了一个新的自动编程系统,极大地扩展了自动编程系统的使用范围。

4. 程序自检、纠错能力强

复杂零件的数控加工程序往往很长,要一次编程成功、不出一点错误是不现实的。手工编程时,可能书写上有笔误,可能算式有问题,也可能程序格式出错,靠人工检查出每一个错误是困难的,费时又费力。采用自动编程时,程序有错主要原因在于原始数据不正确而导致刀具运动轨迹有误,或刀具与工件干涉,或刀具与机床相撞等。自动编程能够借助于计算机在屏幕上对数控程序进行动态模拟,连续、逼真地显示刀具的加工轨迹和零件的加工轮廓,发现问题及时修改,快速又方便。一般在前置处理阶段计算出刀具运动轨迹以后立即进行动态模拟检查,确定无误以后再进入后置处理,编写出正确的数控程序。

5. 便于实现与数控系统的通信

自动编程系统可以利用计算机和数控系统的通信接口,实现编程系统的通信。编程系统可以把自动生成的数控程序经通信接口直接输入数控系统,控制数控机床加工,无需再制作穿孔纸带等控制介质,而且可以做到边输入,边加工,不必担心数控系统内存不够大,免除了将数控程序分段的操作。自动编程的通信功能进一步提高了编程效率,缩短了生产周期。

自动编程技术优于手工编程,这是不容置疑的。但是,并不等于说凡是编程必须采用自动编程。编程方法的选择,必须考虑被加工零件形状的复杂程度,数值计算的难度和工作量的大小,现有设备条件,以及时间和费用等诸多因素。一般说来,加工形状简单的零件,例如点位加工或直线切削零件,用手工编程所需的时间和费用与计算机自动编程所需的时间和费用相差不大,这时采用手工编程比较合适。否则,应考虑选择自动编程。

8.2.2　自动编程系统的内容和操作步骤

在数控自动编程系统中,目前国内外普遍采用的是 CAD/CAM 一体化(即计算机辅助设计与制造一体化技术)集成形式的软件,它具有速度快、精度高、直观性好、使用简便、便于检查等优点,其编程内容和操作步要如下:

① 分析加工零件。
② 对加工零件进行几何造型。
③ 确定工艺步骤并选择合适的刀具。
④ 刀具轨迹的生成及编辑。
⑤ 刀具轨迹的验证。
⑥ 后置处理。

常见的 CAD/CAM 软件有:国内北航海尔软件有限公司的 CAXA 软件、美国 UGS 公司的 Unigraphics NX 软件、美国 PTC 公司的 Pro/Engineer 软件、以色列的 Cimatron 软件、美国 CNC 软件公司的 MasterCAM 软件等。

8.2.3　典型自动编程软件介绍

1. CAXA 制造工程师

CAXA 制造工程师是由我国北京北航海尔软件有限公司研制开发的全中文、面向数控铣床和加工中心的三维 CAD/CAM 软件。它基于微机平台,采用原创 Windows 菜单和交互式、全中文界面,便于轻松学习和操作。它全面支持图标菜单、工具条、快捷键,具有线框造型、曲面造型和实体造型的设计功能以及生成二至五轴加工代码的数控加工功能,可用于加工具有复杂三维曲面的零件。其特点是易学易用、价格较低,已在国内部分企业、院校及研究院中得到应用。随着其 CAM 功能的进一步完善,该软件在我国的应用会得到进一步推广。CAXA 制造工程师主界面窗口如图 8.2 所示。

图 8.2　CAXA 制造工程师主界面窗口

2. MasterCAM

MasterCAM 是由美国 CNC Software 公司开发的,是国内最早引进的 CAD/CAM 软件。它具有很强的加工功能,尤其在对复杂曲面自动生成加工代码方面,具有独到的优势。由于 MastearCAM 主要针对数控加工,其零件的设计造型功能不强,由于对硬件的要求不高,操作灵活、易学易用、价格较低,因此受到众多企业的欢迎。在 CAD/CAM 的教学中,MasterCAM 也是最合适的普及型软件。MasterCAM 主界面窗口如图 8.3 所示。

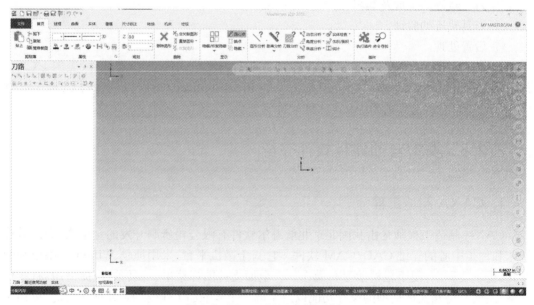

图 8.3　MasterCAM 主界面窗口

3. Unigraphics NX

Unigraphics NX 由美国 UGS 公司开发经销,是现今自动编程软件(CAD/CAM)中功能最丰富、性能最优越的软件之一。它不仅具有复杂造型和数控加工的功能,还具有管理复杂产品装配、进行多种设计方案的对比分析和优化等功能。该软件具有较好的二次开发环境和数据交换能力。其庞大的模块群为企业提供了从产品设计、产品分析、加工装配、检验,到过程管理、虚拟运作等全系列的技术支持。Unigraphics NX 主界面窗口如图 8.4 所示。

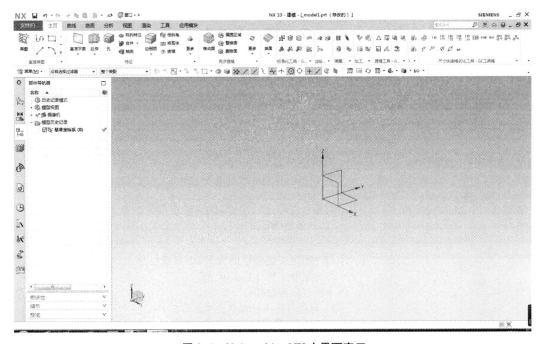

图 8.4　Unigraphics NX 主界面窗口

Unigraphics NX 的 CAM 模块相比其他 CAM 软件,加工模式、进给方法、刀具种类、压板的避让等设定选项更多、更丰富,所以功能更强大。其独特的刀具路径优化设计技术,使其成为模具制造业首选的 CAD/CAM 软件。

Unigraphics NX 的 CAD 模块,其数据交换功能更上一个台阶,在这之前各种 CAD/CAM 软件之间虽然可以进行各种标准化格式(如 DXF 格式、ICES 格式及 STEP 格式),但转换后特征模型容易丢失,这是因为各软件特征的数学模型有差异,转换后的模型没有特征就难以再修改。而 Unigraphics NX 版本能重新恢复特征,所以经过格式转换的模型同样可以修改。Unigraphic NX 的 CAD 模块中曲面建模技术相比其他 CAD/CAM 软件更为强大,因此,Unigraphic NX 软件在汽车设计中的应用较为广泛。

8.3　CDIO 项目

CDIO 项目运行过程、结题报告评分表及学生自评表分别如表 8.1～表 8.3 所示。

表 8.1　CDIO 运行过程详表

教学环节		预计时间(min)	任 务 活 动	备注
构思(Conceive)	学生分配	5	自由分组,每组 6 人左右。确定本项目的轮值组长、轮值班长、轮值记录、轮值助理、轮值卫生员	
	布置任务	10	轮值班长发放任务书与学生学材;轮值助理与各轮值组长开会讨论	
	小组讨论	30	组内讨论,初步进行组内分工,确定工作计划、初步的工作方案,并制作汇报文件	
	小组报告	45	组内发言人报告,内容至少包括: 1. 组内同学介绍; 2. 组内分工; 3. 初步工作方案; 4. 工作计划(甘特图); 5. 工作重点; 6. 大致分析所用到的知识; 7. 初步分析所用到的工具; 8. 预算所需要的费用; 9. 面临困难和解决对策等	
设计(Design)	小组方案设计	45	对报告内容进行全面讨论,确定报告中方案的可行性,并最终确定方案	
实现(Implement)	项目实施	360	每个小组根据确定的方案、小组成员分工、原定的工作方案和工作计划实施项目。 本项目内容包括: 1. 对该零件进行螺纹孔改制分析; 2. 分析该零件使用实训车间的哪一台机床加工,并说明理由; 3. 分析面临困难和解决办法; 4. 组内学习该项目运行过程中所用到的知识,部分功能可在电脑上验证; 5. 组内讨论该零件螺纹孔改制时所用到的刀具及量具,并向老师申请,同时计算花费费用; 6. 结合实训车间现状,组内讨论该零件螺纹孔改制时所使用的装夹方法和夹具; 7. 根据刀具及机床的资料,确定加工时进给速度、主轴转速等; 8. 确订加工工序; 9. 核算加工时间; 10. 制订应急预案; 11. 在机床上改制该零件螺纹孔; 12. 对该零件改制后的螺纹孔进行测量,要避免螺纹孔因尺寸过大导致报废。如果尺寸过小,分析原因,进行二次加工; 13. 制作汇报文件	

教学环节		预计时间(min)	任　务　活　动	备注
运作(Operate)	项目运行	90	将改制好的零件交予该纺织厂,由纺织厂按照使用要求检测,并由纺织设备维修工实际安装该零件,给出中肯的意见	
	结题报告与答辩	45	小组发言人做结题报告,报告内容至少包括: 1. 项目实施过程; 2. 总结项目实施的亮点与不足; 3. 小组成员贡献与配合情况; 4. 学到了什么知识; 5. 该零件改制过程中的经验总结; 6. 该零件改制所使用的费用决算; 7. 该零件改制的工艺分析; 8. 该零件改制的时间及效率分析; 9. 维修工人使用的评价; 10. 若今后还有类似零件的改制,详述在加工方面还有哪些可以改进; 11. 改进后的费用及效率分析; 12. 回答同学的提问	
	评价	10	1. 按照评价方法,由组长给出小组成员的排名。成员排名依据是小组各成员的贡献、与他人配合情况等,采用民主的方法评判 2. 合作企业及教师为学生评价	

表 8.2　结题报告评分表

序号	评　价　指　标	差	中	好	很好	优
1	目标明确	1	2	3	4	5
2	重点阐述明确	1	2	3	4	5
3	与听者有很好的交流	1	2	3	4	5
4	能很好地运用声音	1	2	3	4	5
5	演讲者之间转换流畅	1	2	3	4	5
6	着装、手势等	1	2	3	4	5

表 8.3　项目运行学生自评表

评价项目	评　价　内　容	分值	分值
过程考核	作业	10%	
	实操情况	10%	
	学习情况	10%	

评价项目	评价内容	分值	分值
CDIO 设计与实现	项目构思(报告＋演讲)	10%	
	项目过程	20%	
	企业工人试用评价	10%	
	项目运作(成品＋报告与答辩＋互评)	30%	
总　　分			

思考与作业

1. 自动编程的主要特点有哪些?
2. 自动编程系统的内容和操作步骤有哪些?

项目 9　CDIO 二级项目

9.1　提 出 问 题

现在每个同学都有手机,我院开发了手机助学软件,但是同学们在长时间使用手机助学软件的时候会感觉手腕很累,甚至会造成手腕受伤。现请你设计并制作一款手机支架,可以方便地将手机固定在一个角度上,以便同学们使用手机助学软件。

9.2　CDIO　项　目

CDIO 项目的运行过程、结题报告评分表及学生自评表分别如表 9.1～表 9.3 所示。

表 9.1　CDIO 运行过程详表

教学环节		预计时间(min)	任 务 活 动	备注
构思(Conceive)	学生分配	5	自由分组,每组 6 人左右。确定本项目的轮值组长、轮值班长、轮值记录、轮值助理、轮值卫生员	
	布置任务	10	轮值班长发放任务书和学生学习材料,轮值助理与各轮值组长开会讨论	
	小组讨论	30	组内讨论,初步进行组内分工,确定工作计划、初步的工作方案,并制作汇报文件	
	汇报准备	120	1. 在学校内组织调查,了解同学们对手机支架的性能要求、材料要求、重量要求等。 2. 准备小组报告材料	
	小组报告	45	组内发言人报告,内容至少包括: 1. 组内同学介绍; 2. 组内分工; 3. 初步工作方案; 4. 工作计划(甘特图); 5. 工作重点; 6. 重点介绍通过调查得出的同学对手机支架的要求; 7. 按照要求,拟定手机支架的初步设计方案; 8. 需要向老师求助的方面; 9. 外购清单(限于标准件);	

教学环节		预计时间(min)	任 务 活 动	备注
构思 (Conceive)	小组报告	45	10. 初步分析所用到的工具； 11. 预算所需费用； 12. 面临困难和解决对策等	
设计 (Design)	小组 方案设计	90	对报告内容进行全面讨论,确定报告中方案的可行性,并最终确定方案	
实现 (Implement)	项目实施	480	每个小组根据确定的方案、小组成员分工、原定的工作方案和工作计划实施项目。 本项目内容包括： 1. 对该手机支架进行设计； 2. 分析所用材料； 3. 分析该零件适用实训车间的哪些台机床加工,并说明理由； 4. 分析面临的困难,并提出解决办法； 5. 组内学习该项目运行过程中所用到的知识,部分指令可在机床上验证； 6. 组内讨论该支架加工所用到的刀具及毛坯,并向老师申请,同时计算费用； 7. 结合实训车间现状,组内讨论该模具加工所使用的装夹方法和夹具； 8. 根据刀具及机床的资料,确定加工进给速度、主轴转速等； 9. 确定加工工序,考虑到批量生产,组间同学可以联合组成生产线； 10. 核算加工时间； 11. 制作应急预案； 12. 在机床上加工该支架； 13. 外购标准件； 14. 对该支架零件进行测量,如果尺寸偏差过大,分析原因,改正不合理之处后重新加工； 15. 装配手机支架； 16. 对该手机支架定价； 17. 制作汇报文件	
运作 (Operate)	项目运行	120	将全班各组装配成型的手机支架展出,由校内其他同学试用,若同学有购买意向,按定价出售。发放调查问卷,了解同学对该支架的满意情况	
	结题报告 与答辩	45	小组发言人作结题报告,报告内容至少包括： 1. 项目实施过程； 2. 总结项目实施的亮点与不足； 3. 小组成员贡献与配合情况； 4. 销量情况及盈利情况； 5. 该手机支架加工过程中的经验总结； 6. 该手机支架加工所使用的费用决算； 7. 该手机支架加工的工艺分析； 8. 该手机支架加工的时间及效率分析； 9. 同学们的试用评价	

教学环节		预计时间(min)	任 务 活 动	备注
运作（Operate）	结题报告与答辩	45	10. 若组间组成了生产线，详述生产线的分工及其与未组成生产线的效率比较； 11. 改进后的费用及效率分析； 12. 回答同学的提问	
	评价	10	1. 按照评价方法，由组长给出小组成员的排名。给出排名依据是小组全体成员的贡献、与他人的配合情况等，采用民主的方法评判。 2. 合作企业及教师为学生评价	

表 9.2　结题报告评分表

序号	评 价 指 标	差	中	好	很好	优
1	目标明确	1	2	3	4	5
2	重点阐述明确	1	2	3	4	5
3	与听者有很好的交流	1	2	3	4	5
4	能很好地运用声音	1	2	3	4	5
5	演讲者之间转换流畅	1	2	3	4	5
6	着装、手势等	1	2	3	4	5

表 9.3　项目运行学生自评表

评价项目	评 价 内 容	分值	分数
过程考核	作业	10%	
	实操情况	10%	
	学习情况	10%	
CDIO 设计与实现	项目构思（报告＋演讲）	10%	
	盈利情况	10%	
	项目过程	10%	
	同学们试用评价	10%	
	项目运作（成品＋报告与答辩＋互评）	30%	
总　　分			

参 考 文 献

［1］ 黄道业.数控铣床(加工中心)编程、操作及实训［M］.合肥:合肥工业大学出版社,2008.

［2］ 苏宏志,杨辉.数控机床与应用［M］.上海:复旦大学出版社,2010.

［3］ 陈之林,杨辉.数控机床编程与操作［M］.合肥:中国科学技术大学出版社,2011.